上承式大跨度预应力拉杆拱渡槽上部结构设计与复核

张秀梅　牛　超　姜葵红　著

黄河水利出版社
·郑州·

内容提要

本书以山东省胶东地区引黄调水工程界河渡槽为例，介绍了上承式大跨度预应力拉杆拱渡槽的上部结构计算，包括设计和复核两个阶段，采用了不同的有限元程序进行计算。预应力拉杆拱渡槽是一种新型渡槽结构形式，适用于多跨或地基不良的单跨结构，在同等条件下能够降低下部结构的高度。本书内容翔实，具有很强的实用性和指导性。

本书可供从事水利水电工程设计、科研等的技术人员使用，也可作为大专院校师生的参考资料。

图书在版编目(CIP)数据

上承式大跨度预应力拉杆拱渡槽上部结构设计与复核/张秀梅，牛超，姜葵红著．—郑州：黄河水利出版社，2023.8

ISBN 978-7-5509-3690-4

Ⅰ．①上…　Ⅱ．①张…②牛…③姜…　Ⅲ．①渡槽-预应力结构-结构设计-研究　Ⅳ．①TV672

中国国家版本馆CIP数据核字(2023)第160691号

组稿编辑：王路平　电话：0371-66022212　E-mail：hhslwlp@163.com
　　　　　田丽萍　　　　66025553　　　912810592@qq.com

责任编辑：岳晓娟　责任校对：兰文峡　封面设计：李思璇　责任监制：常红昕

出版发行：黄河水利出版社

地址：河南省郑州市顺河路49号　邮政编码：450003

网址：www.yrcp.com　E-mail：hhslcbs@126.com

发行部电话：0371-66020550

承印单位：广东虎彩云印刷有限公司

开　本：890 mm×1 240 mm　1/32

印　张：5.25

字　数：150千字

版　次：2023年8月第1版　　印　次：2023年8月第1次印刷

定　价：60.00元

前 言

山东省胶东地区引黄调水工程是由党中央、国务院和省委、省政府决策实施的远距离、跨流域、跨区域的大型水资源调配工程，是实现山东省水资源优化配置的重大战略性、基础性、保障性民生工程，是山东省省级骨干水网的重要组成部分。

山东省胶东地区引黄调水工程共布置了6座大型渡槽，分别为大刘家河渡槽、淘金河渡槽、孟格庄渡槽、界河渡槽、后徐家渡槽、八里沙河渡槽。结合地形、地质情况，大刘家河渡槽和孟格庄渡槽主跨段采用简支梁式预应力混凝土箱形结构，单跨跨度25 m；淘金河渡槽和界河渡槽主跨段采用上承式预应力混凝土拉杆拱式矩形渡槽结构，单跨跨度50.6 m；后徐家渡槽主跨采用下承式预应力混凝土桁架拱式结构，单跨跨度40.2 m。

界河渡槽进口位于山东省招远市辛庄镇马家沟村南，距淘金河渡槽2 701 m，进口设计桩号为122+832；在水盘村南跨越界河，出口设计桩号为124+853，全长2 021 m。其中，包括进口渐变段长15.5 m，出口渐变段长15.4 m，进口节制闸长7.5 m，进、出口衔接段长各10 m。槽身采用3种结构形式，一是上承式预应力混凝土拉杆拱式矩形渡槽结构，跨度50.6 m，共计21跨，长1 062.6 m；二是简支梁式预应力混凝土矩形渡槽结构，跨度20 m，共计36跨，长720 m；三是简支梁式普通钢筋混凝土矩形渡槽结构，跨度10 m，共计18跨，长180 m。

预应力拉杆拱渡槽是一种新型渡槽结构形式，适用于多跨或地基不良的单跨结构，在同等条件下能够降低下部结构的高度。该结构不仅具有形式简单、传力明确、无连拱效应、无须设加强墩、拱肋和预应力钢筋混凝土拉杆形成自平衡体系等优点，而且结构力学性能优良、温度变化，以及混凝土收缩和徐变产生的内力很小、便于施工、节省工程造价，结构安全性能好。

界河渡槽主跨段采用的是上承式预应力混凝土拉杆拱，拉杆拱由两榀拱片、拱片间横系杆、拱上排架3部分组成。矩形渡槽支承在14个双柱排架上。

预应力混凝土拉杆拱采用矩形断面，为使拉杆拱受力均匀，且尽可能地减小预应力筋张拉时的施工操作空间，以减小渡槽下部支承结构的工程量和投资，拉杆内共布置4个预应力筋孔道，预留孔道采用预埋塑料波纹管成型。预应力筋采用两端同步对称张拉。拉杆拱拱脚一端为固定盆式橡胶支座，另一端为顺水流向单向滚动盆式橡胶支座。

前期设计采用国际通用有限元程序ANSYS，后期复核工作采用了国内有限元程序盈建科软件。

作者有幸在山东省水利勘测设计院参加了渡槽工程的前期设计，在青岛市水利勘测设计研究院有限公司参加了渡槽工程的后期安全复核，现将其中界河渡槽上部结构的设计与复核过程与大家分享。

在本书的编写过程中得到了前期设计项目组负责人李玉莹、杨克坤和后期复核项目组负责人玄鹏、官庆朔的大力支持，在此表示感谢！同时，也感谢山东省水利勘测设计院有限公司和青岛市水利勘测设计研究院有限公司的领导和同事们的大力支持！

本书的出版得到了青岛市水利勘测设计研究院有限公司总经理于诰方和常务副总经理王永强的大力支持，在此特别感谢！

由于前期设计过程中方案不断优化、施工中也存在设计变更，另外时间跨度较长，加之作者水平有限，书中出现谬误在所难免，诚恳希望广大读者和同行专家批评和指正。

作 者

2023年4月

目 录

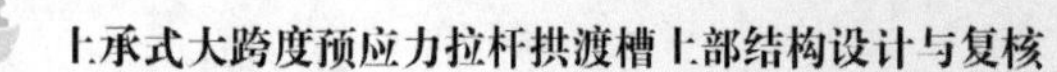

第1部分

渡槽上部结构设计

界河渡槽施工图设计开始于2004年,完成于2005年;2011年4月6日工程完工。本部分内容主要是界河渡槽上部结构渡槽槽身、拉杆拱和双排架的内力、结构和配筋计算。槽身纵向内力采用多跨连续梁进行计算,槽身横向和预应力拉杆拱内力采用有限元方法进行计算,配筋计算根据结构要求分别采用《混凝土结构设计规范》(GB 50010—2002)和《水工混凝土结构设计规范》(SL/T 191—1996)的相关规定进行计算。为确保结构安全,计算结果均进行了适当的取舍。

1 工程概况

1.1 渡槽的工程概况

界河渡槽是南水北调东线胶东地区引黄调水工程中的大型输水建筑物，槽址位于山东省招远市。建筑物级别1级，抗震设防烈度Ⅶ度。渡槽总长2 021 m，设计流量16.3 m^3/s，加大流量21.2 m^3/s；设计水深2.03 m，加大水深2.46 m。界河渡槽地处界河干流上，两侧为丘陵地貌，地面高程在15.50~60.40 m，相对高差45.00 m。界河为区内主要河流，主河床宽70.0~120.0 m，滩地、一级阶地宽约700 m。勘探深度内覆盖层主要为第四系全新统冲积堆积的砾质粗砂、残坡积堆积的砂质壤土，基岩为燕山早期花岗岩。

该渡槽长2 021 m，槽底高程约41 m，净空高达23 m，且处于Ⅶ度地震区。为了寻求一种更经济、更合理的设计方案，合理增加渡槽跨度，减少槽墩数量，简化支墩结构，从而达到降低工程投资的目的。项目组对渡槽设计方案优化与结构设计进行了深入细致的研究工作，最终选定了上承式预应力拉杆拱作为界河渡槽主跨段的结构形式。

1.2 渡槽的结构形式选择

渡槽由槽身、支承结构、基础及进出口建筑物等部分组成。槽身搁置于支承结构上，槽身自重及水重通过支承结构传递给基础及地基。渡槽的类型，一般是指输水槽身及其支承结构的类型。由于槽身及支承结构的形式各异，所用材料及施工方法也各不相同，因而分类方式也就很多。

按施工方法，有现浇整体式渡槽、预制装配式渡槽及预应力渡槽等。按所用材料分,有木渡槽、砖石渡槽、混凝土渡槽、钢筋混凝土渡槽及预应力钢筋混凝土渡槽等;按槽身断面形式分,有矩形渡槽、U形渡槽、梯形渡槽、椭圆形渡槽及圆管形渡槽等;按支承结构形式分,则有梁式渡槽、拱式渡槽、桁架式渡槽、组合式渡槽及斜拉式渡槽等。以上分类方法很多,但最能反映出渡槽结构形式、受力状态、荷载传递方式及结构计算方法特点的还是按支承结构形式分类。

1.2.1 梁式渡槽

梁式渡槽的支承结构是重力墩或排架。槽身搁置于墩(架)顶部,既能起到输水作用,又能承受荷载而起纵梁作用的结构,在竖向荷载作用下产生弯曲变形,支承点只产生竖向反力。按支承点数目及布置位置的不同,又分为简支、双悬臂、单悬臂及连续梁4种形式。梁式渡槽的主要优点是设计简易、施工方便,被广泛采用。

1.2.2 拱式渡槽

拱轴线为曲线或折线形,在竖向荷载作用下拱脚产生水平推力,结构条件是拱脚需有水平向约束。如果拱脚没有水平向约束,在竖向荷载作用下只产生垂直反力的拱形结构,则称为曲梁。拱式渡槽与梁式渡槽的不同之处,在于槽身与墩台之间增设了主拱圈和拱上结构。拱上结构将上部荷载传给主拱圈,主拱圈再将拱上竖向荷载变为墩台轴向压力及水平推力。主拱圈是拱式渡槽的主要承重结构,以承受轴向压力为主,拱内弯矩较小,因此可用抗压强度较高的圬工材料建造,跨度可以适当加大,这是拱式渡槽区别于梁式渡槽的主要特点。由于主拱圈将对支座产生强大的水平推力,对于跨度较大的拱式渡槽一般要求建于岩石地基上。主拱圈有不同的结构形式,如板拱、肋拱、箱形拱和折线拱等;其轴线可以是圆弧线、悬链线、二次抛物线和折线等;可以设有不同的铰数,如双铰拱和三铰拱,也可以做成无铰拱。同时,拱上结构又有实腹与空腹之分。因此,拱式渡槽还可分为多种类型。

1.2.3 桁架式渡槽

桁架式渡槽又分为桁架拱式渡槽和梁型桁架式渡槽。前者是用横向联系(横系梁、横隔板及剪刀撑等)将数榀桁架拱片连接而成的整体结构。桁架拱片是主要承重结构,由下弦杆(拉杆)及上弦杆(拱肋)形成拱形,具有拱及桁架的双重结构特点。槽身底板和侧墙板可采用预制混凝土或钢丝网混凝土微弯板组装,然后填平,而成为矩形断面,有的也采用预制的矩形、U 形整体结构。按槽身在桁架拱上位置的不同,桁架拱式渡槽可分为上承式、中承式、下承式和复拱式,按腹杆的布置形式则有斜杆式和竖杆式。桁架拱式渡槽一般用钢筋混凝土建造,整体结构刚性大,能充分发挥材料力学的性能;结构轻巧,水平推力小,对墩台变位的适应性也较好,因而对地基的要求较拱式渡槽低。梁型桁架是指在竖向荷载作用下支承点只产生竖向反力的桁架,其作用与梁相同。梁型桁架有简支和双悬臂两种类型。按弦杆的外形分,有平行弦桁架、折线或曲线形桁架、三角形弦桁架等。梁型桁架式渡槽的跨度较梁式渡槽大,一般不小于 20 m,宜在中等跨越条件下采用。

梁式渡槽和拱式渡槽是两种最基本的渡槽形式,桁架式渡槽应用也较为广泛。

1.2.4 上承式预应力拉杆拱式渡槽

混凝土拱式渡槽能充分发挥混凝土受压性能等优点,且施工工艺简便、造价低廉,无论是在有良好地基条件的山区、丘陵区,还是在冲积平原的软土地基上,混凝土拱式渡槽均得到广泛应用。但普通混凝土拱式渡槽存在以下不足:

(1)拱脚产生较大水平推力,对墩台产生较大力矩,墩台结构需要足够的刚度和强度承担拱脚水平推力和力矩,尤其是高墩台稳定性更差,一旦变形或变位过大,将危及上部结构安全。

(2)多跨连拱渡槽,存在连拱效应,每隔 3~5 跨,需设加强墩,工程量大。

(3)支座位移和温度升降,均会产生较大的拱圈内力。

为解决以上问题,上承式预应力拉杆拱式渡槽结构成为一种合理的渡槽结构形式。上承式预应力混凝土拉杆拱式渡槽主要由预应力拉杆拱、拱上结构和支座组成。预应力拉杆拱由拱肋、预应力水平拉杆和吊杆组成。拱上结构由拱上排架和矩形钢筋混凝土渡槽组成。拱脚一端采用固定盆式橡胶支座,另一端采用顺水流向单向滚动盆式橡胶支座。在拱脚之间设置预应力拉杆,使拱脚推力转化成杆件拉力,渡槽上部结构成为自身平衡体系;同时将槽身置于拱顶之上,有效降低支承结构的高度。

因预应力拉杆拱每跨均构成自平衡的结构体系,不仅具有形式简单、传力明确、无连拱效应、无须设加强墩等优点,而且具有结构力学性能优良、温度变化及混凝土收缩和徐变产生的内力很小、节省工程造价,结构安全性能好等特点。

2 结构布置

2.1 槽身布置

预应力拉杆拱单跨跨度 50.6 m,在一跨渡槽范围内,槽身共分为 4 节,拱顶中间节长 18.0 m,两边 2 节长 14.5 m,两端部为跨间连接段,长 3.6 m,渡槽支座跨度均为 3.6 m。槽身节间设止水。槽身采用矩形断面。中间一节的结构模型见图 1-2-1。

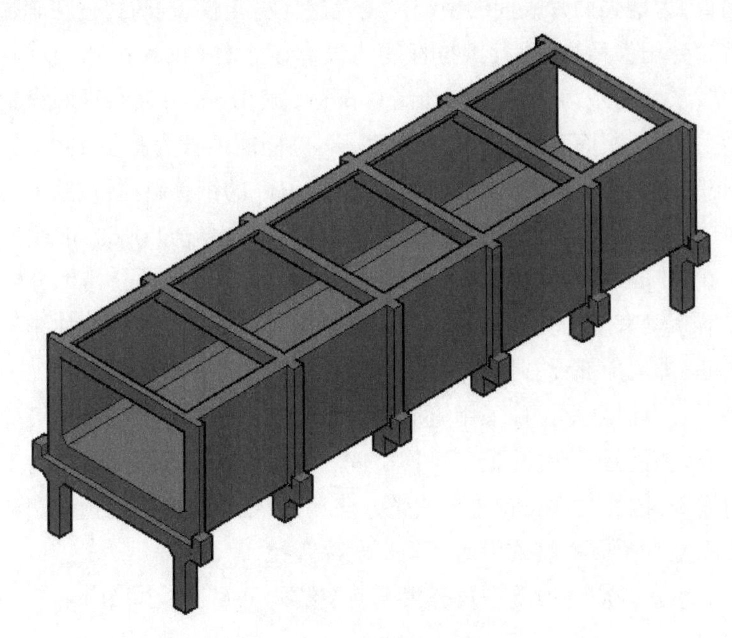

图 1-2-1 渡槽槽身模型图

2.2 上承式预应力混凝土拉杆拱结构布置

上承式拉杆拱由两榀预应力拉杆拱片组成。预应力拉杆拱片由拱肋、拉杆、吊杆及拱上排架组成。拱肋轴线为二次抛物线,抛物线方程为:$y=\frac{4f}{l^2}x(l-x)$。式中:矢高 f=10.50 m,跨度 l=47.0 m,矢跨比为1∶4.48,拱肋断面高1.40 m、宽0.80 m。

为减小拱脚水平推力,改善支墩受力条件,两拱脚间采用拉杆,拉杆为C50预应力混凝土直杆,断面为0.6 m×0.6 m;为减小拉杆垂度,避免拱脚水平变位过大,在拱轴上设有7根吊杆,吊杆为直径120 mm的钢管;为增强两片拱间的横向刚度及整体稳定性,预防拉杆在施加预应力时受压失稳,拱肋及拱拉杆间均设有横系杆(拱片拉杆)及斜撑;拱肋横系杆间距为3.6 m,断面高0.60 m,宽0.60 m;横系杆间设钢筋混凝土斜撑,断面高0.50 m,宽0.50 m;拉杆横系杆为直径150 mm的钢管,间距为5.4 m,横系杆间设直径150 mm的钢管斜撑;拱肋上设有双柱单排架,间距为3.6 m,排架柱断面尺寸顺水流向0.60 m,垂直水流向0.40 m,排架顶端横系杆断面高0.40 m,宽0.40 m,槽体分缝处排架横系梁宽度加大至0.60 m,以满足槽体简支长度。为增加排架整体刚度,排架中部设有钢筋混凝土横系梁,断面同顶端横系杆。

预应力混凝土拉杆采用矩形断面,为使拉杆受力均匀,且尽可能地减小预应力筋张拉时的施工操作空间,以减小渡槽下部支承结构工程量和投资,拉杆内共布置4个预应力筋孔道,预留孔道采用预埋塑料波纹管成型。预应力筋采用两端同步对称张拉。

上承式预应力混凝土拉杆拱模型及结构见图1-2-2~图1-2-5。

图 1-2-2 上承式预应力混凝土拉杆拱模型图

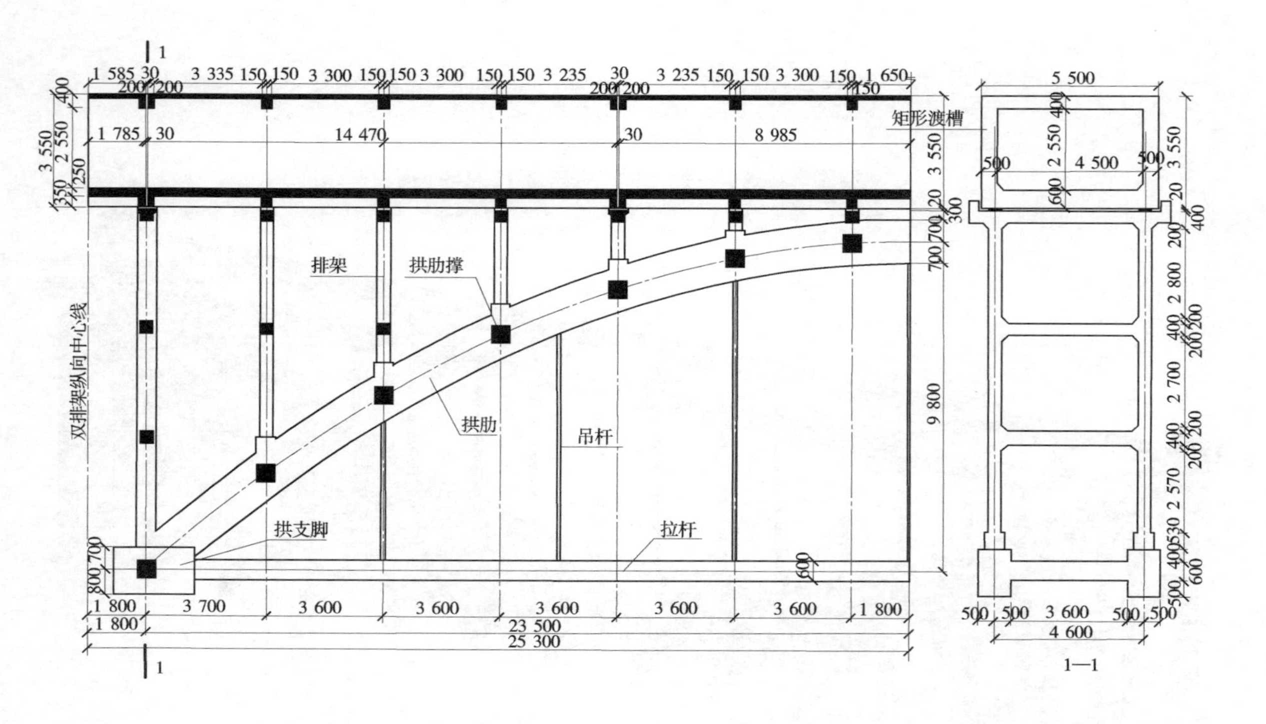

图 1-2-3　上承式预应力混凝土拉杆拱渡槽半跨立面图　（单位:mm）

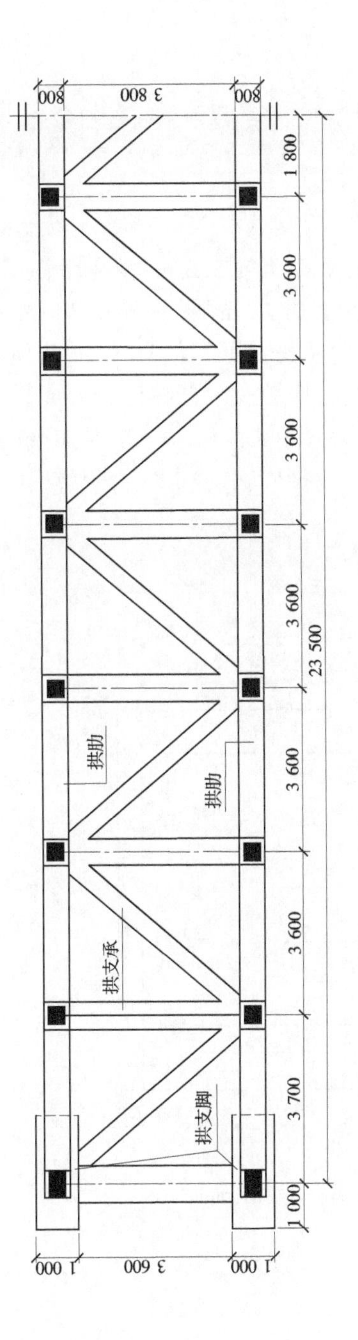

图 1-2-4 拱肋支承平面图（单位:mm）

图 1-2-5 拉杆支承平面图（单位:mm）

2.3 主要构件尺寸拟定

2.3.1 槽身

槽身结构为矩形钢筋混凝土渡槽，支座跨度 3.6 m，槽身净宽 4.5 m、深 2.95 m，侧墙壁厚 0.25 m，底板厚 0.25 m，侧肋宽 0.30 m、高 0.50 m，底肋宽 0.30 m、高 0.60 m，侧肋及底肋间距为 3.60 m，肋顶设有拉杆，拉杆宽 0.30 m、高 0.40 m，侧肋、底肋及拉杆在槽身形成封闭的环箍，以增加槽身横向刚度，渡槽侧墙顶部设有 0.4 m 宽、0.10 m 厚的缘角板，以保护侧墙顶部受损及增加拉杆固端的刚度。槽身结构尺寸图见图 1-2-6。

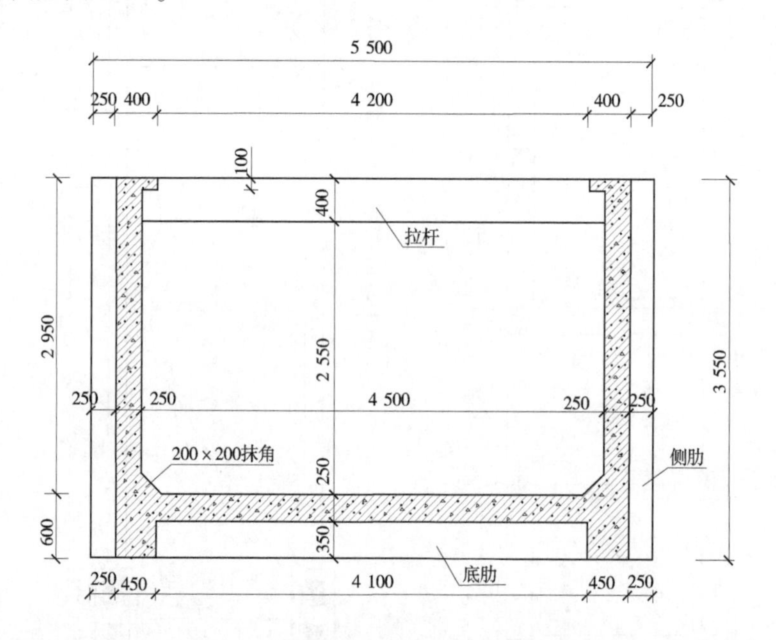

图 1-2-6　槽身结构尺寸图　（单位：mm）

2.3.2 拉杆拱

2.3.2.1 拱肋

拱肋采用普通钢筋混凝土结构。根据系杆拱拱肋尺寸拟定的一般经验:拱肋高度 $h_{拱肋}=(1/25\sim1/50)l$,拱肋宽度 $b_{拱肋}=(0.5\sim2.0)h_{拱肋}$;设计采用 $h_{拱肋}=1.40$ m,拱肋宽度 $b_{拱肋}=0.8$ m。

2.3.2.2 拉杆

在拱肋的两个拱脚之间设置一根水平拉杆,承担拱脚的水平推力。拉杆采用预应力矩形实体断面,$b\times h=600$ mm×600 mm。

2.3.2.3 拱脚

拱脚处结构内力较大且应力状态复杂,局部应适当加大结构尺寸,设计结构尺寸采用值为:长2.5 m、高1.5 m、宽1.0 m。其中,距拱肋轴线与拉杆轴线交点(支承轴线)外侧1 000 mm,内侧1 500 mm,上侧700 mm,下侧800 mm,左、右侧各500 mm。拱脚处结构大样见图1-2-7~图1-2-9。

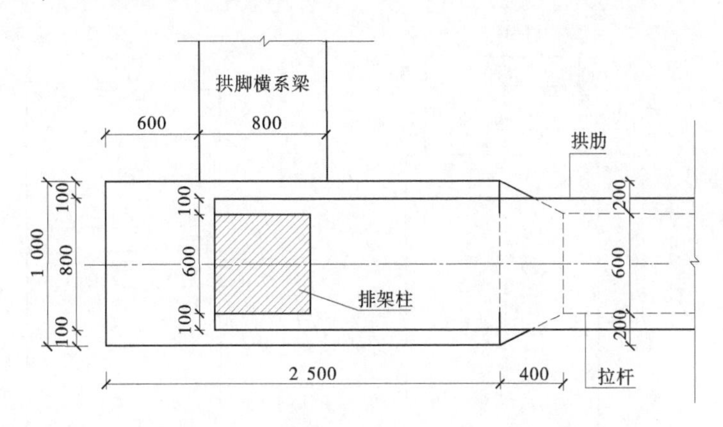

图1-2-7 拱脚平面图 (单位:mm)

2.3.2.4 拱脚横系梁

拉杆与拱肋联结点(拱脚)受力复杂,同时要锚固纵向预应力钢绞线束,且结构内存在较大扭矩,设计时考虑采用刚度较大的端横梁,确保拱肋的稳定,断面尺寸采用 $b\times h=800$ mm×800 mm。

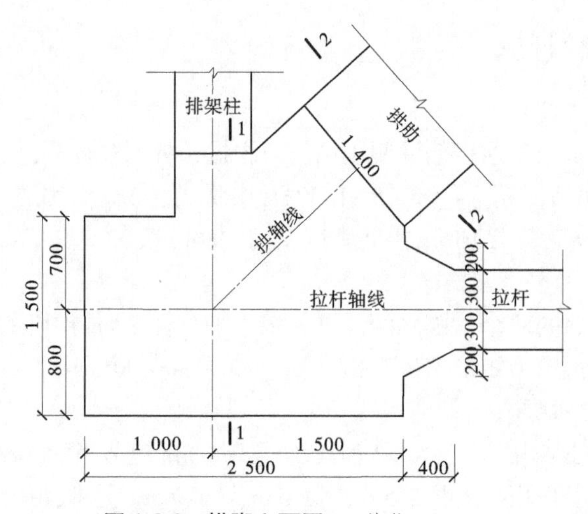

图 1-2-8 拱脚立面图 （单位：mm）

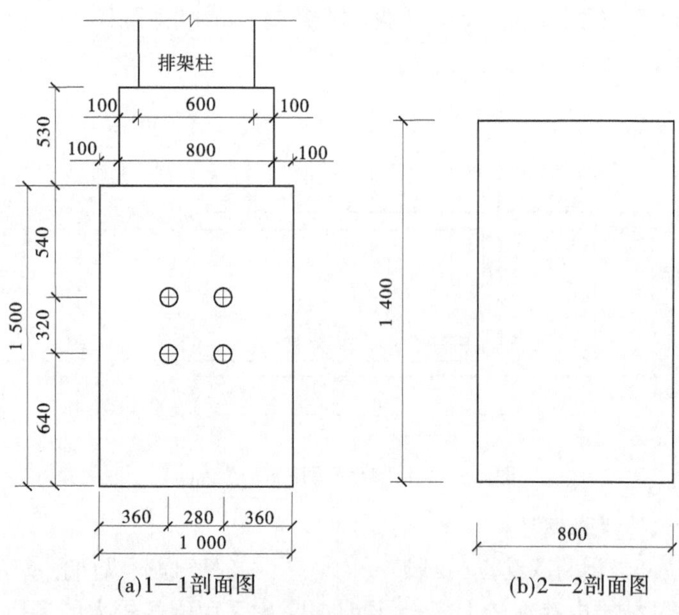

图 1-2-9 细处剖面图 （单位：mm）

2.3.2.5 拱肋横系梁

拱肋横系梁采用钢筋混凝土剪刀撑，断面为 $b\times h$ = 400 mm×400 mm。

2.3.2.6 拉杆横系梁

拉杆横系梁为剪刀撑形式，采用 D150 mm×10 mm 的 Q235 钢管。

2.3.2.7 吊杆

吊杆用来减小拉杆的垂度及拉杆的截面弯矩。吊杆间距 5.4 m，采用 D120 mm×10 mm 的 Q235 钢管。

2.3.2.8 拱上排架

根据一般规定，拱上排架间距可取(1/10~1/16)l，设计采用 3.6 m(本渡槽计算跨径为 47.0 m)。每跨渡槽共布置 14 个双柱排架，轴线间距为 3.6 m。拱脚处两个排架断面为 $b\times h$=600 mm×600 mm，其余排架 $b\times h$=400 mm×400 mm。

3 结构计算资料

3.1 依据的规范及规程

(1)《水利水电工程结构可靠度设计统一标准》(GB 50199—1994);

(2)《水工建筑物荷载设计规范》(DL 5077—1997);

(3)《水工建筑物抗震设计规范》(DL 5073—2000);

(4)《建筑结构荷载规范》(GB 50009—2001);

(5)《混凝土结构设计规范》(GB 50010—2002);

(6)《水工混凝土结构设计规范》(SL/T 191—1996);

(7)《建筑抗震设计规程》(GB 50011—2001);

(8)《预应力混凝土结构抗震设计规程》(JGJ 140—2004);

(9)《公路工程抗震设计规范》(JTJ 004—1989);

(10)《钢结构设计规范》(GB 50017—2003)。

3.2 主要技术指标

建筑物级别:1 级;

设计基准周期:50 年;

结构安全等级:一级;

结构重要性系数:1.1;

结构系数:1.2;

环境类别:二级;

结构形式:预应力拉杆拱渡槽;

渡槽跨度:50.6 m;

设计水深:2.03 m;

加大水深:2.46 m;

满槽水深: 2.95 m;

基本风压值:0.60(n=50)kN/m^2;

基本雪压值:0.35(n=50)kN/m^2;

抗震设防烈度:Ⅶ度(0.10g)第二组;

场地土类别:Ⅱ类;

抗震类别:丙类;

裂缝控制等级:纵向及横向顶部二级,横向底部、横梁底部受弯三级。

3.3 主要材料

3.3.1 混凝土

(1)槽身混凝土强度等级为C40。

(2)拉杆、拱肋混凝土强度等级为C50。

(3)拱肋间横系杆、拱上排架、斜撑混凝土强度等级为C40。

3.3.2 预应力钢筋

预应力钢筋采用1860级高效低松弛钢绞线,公称直径为15.2 mm,公称截面面积为139 mm^2,其抗拉强度、抗压强度设计值分别为1 320 N/mm^{2}和390 N/mm^2,弹性模量$E_s = 1.95\times10^5$ MPa。

3.3.3 预应力锚具

锚具:OVM15A-10。

3.3.4 钢筋

钢筋:HRB400级、HRB335级和HPB235级。

3.3.5 吊杆

吊杆采用Q235钢管。

4 上部结构设计

4.1 槽身纵向结构设计

4.1.1 纵向计算简化及工况

渡槽槽身横断面尺寸见图 1-2-6。

渡槽纵向简化为 $b \times h = 800\ \mathrm{mm} \times 3\ 550\ \mathrm{mm}$ 的多跨连续梁,连续梁等跨布置,跨间距为 3.6 m。拱顶渡槽为 5 跨连续梁,拱顶两侧为 4 跨连续梁,拱跨间为单跨简支梁。

纵向计算考虑到荷载的最不利工况为渡槽满槽水深。

4.1.2 荷载计算

(1)渡槽自重:$q_1 = 3.345 \times 25 = 83.63(\mathrm{kN/m})$(此荷载为渡槽断面优化前的计算值,略大于断面优化后的值)。

(2)满槽水位时水重:$q_w = 4.5 \times 2.95 \times 10 = 133(\mathrm{kN/m})$。

(3)渡槽顶部活荷载:$p = 3.0\ \mathrm{kN/m}$。

荷载标准值:$q_k = 219.63\ \mathrm{kN/m}$。

荷载设计值:$q = 264.16\ \mathrm{kN/m}$。

4.1.3 内力计算

根据荷载计算,经削峰处理后:

弯矩标准值:$M_k = 258.76\ \mathrm{kN \cdot m}$。

剪力标准值:$V_k = 475.45\ \mathrm{kN}$。

弯矩设计值:$M = 298.87\ \mathrm{kN \cdot m}$。

剪力设计值:$V = 549.14\ \mathrm{kN}$。

4.1.4 正截面受弯承载力计算参数

截面宽度 $b=800$ mm。

截面高度 $h=3\ 550$ mm。

永久荷载弯矩标准值 $M_k=258.76$ kN·m。

永久荷载剪力标准值 $V_k=475.45$ kN。

受拉区钢筋合力点至近边的距离 $a_s=50$ mm。

受压区钢筋合力点至近边的距离 $a_s'=50$ mm。

受弯梁受拉钢筋的最小配筋率 $\rho_{min}=0.15\%$。

4.1.5 正截面受弯承载力计算

受压区计算高度 $x=7.7$ mm。

计算受拉钢筋截面面积 $A_s=330$ mm^2。

根据最小配筋率计算受拉钢筋截面面积 $A_s=4\ 200$ mm^2。

实配 8 Φ 25+8 Φ 16 钢筋。

实配受拉钢筋截面面积 $A_s=5\ 535$ mm^2。

4.1.6 斜截面受剪承载力计算

$V=549.14$ kN$<0.24f_c\times b\times h_0/\gamma_d=10\ 927$ kN,截面尺寸满足要求。

混凝土承受的剪力 $V_c=3\ 824.00$ kN。

按构造确定,箍筋肢数 $n=4$,直径 $d=12$ mm,箍筋间距 $s=150$ mm。

4.1.7 正常使用极限状态验算

按荷载效应的长期组合计算的弯矩值 $M_l=284.64$ kN·m。

正截面抗裂验算换算截面重心至受压边缘的距离 $y_0=1\ 788$ mm;换算截面对其重心的惯性矩 $I_0=3.04\times10^{12}$ mm^4,换算截面受拉边缘的弹性抵抗矩 $W_0=1\ 740\times10^6$ mm^3。

截面抵抗矩塑性系数的修正系数 $\eta_h=0.800$。

截面高度 $h>3\ 000$ mm ,取 $h=3\ 000$ mm。

截面抵抗矩塑性系数 $\gamma_m=1.550$,乘以修正系数 η_h,$\gamma_m=1.24$。

对应于荷载效应的长期组合,混凝土拉应力限制系数 $\alpha_{ct}=0.70$。

$\gamma_m\times\alpha_{ct}\times f_{tk}\times W_0=3\ 705\ \text{kN}\cdot\text{m}>M_l=284.64\ \text{kN}\cdot\text{m}$,抗裂满足要求。

4.2 槽身横向结构设计

4.2.1 横向计算简化及工况

4.2.1.1 横向计算简化

槽身纵向布置了间距 3.6 m 的底肋、边肋和顶部拉杆,底肋、边肋和顶部拉杆形成了一个封闭的矩形框架,框架宽度为 0.3 m,底肋高度为 0.6 m,边肋高度为 0.5 m,拉杆高度为 0.4 m。横向计算简化为一个框架进行计算,荷载包括 3.6 m 范围内的横向荷载、竖向荷载。

4.2.1.2 计算工况

计算工况为渡槽满水深的最不利工况和拉杆温升工况,荷载包括结构自重、水重、静水压力和温度荷载。

4.2.1.3 计算简图

槽身横向计算简图见图 1-4-1。

4.2.1.4 计算模型

槽身有限元计算程序采用国际通用有限元程序 ANSYS。有限元模型采用梁单元进行建模。

4.2.2 恒载、满槽水作用下内力计算

恒载、满槽水作用下内力计算结果简图见图 1-4-2~图 1-4-4。

4.2.3 拉杆温升内力计算

拉杆温升内力计算结果简图见图 1-4-5~图 1-4-7。

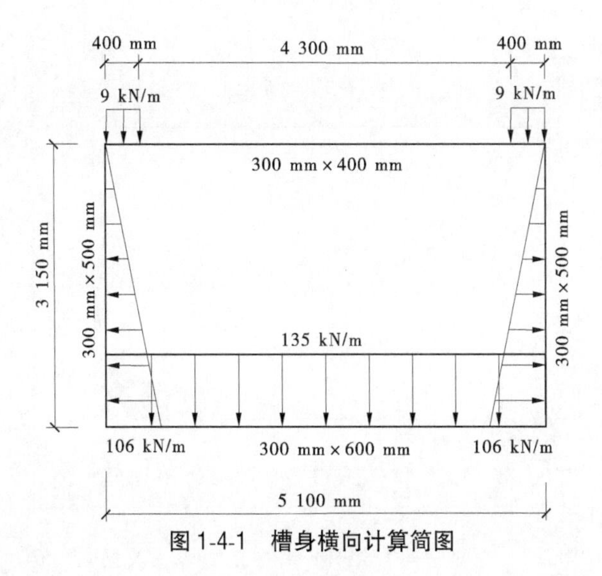

图 1-4-1 槽身横向计算简图

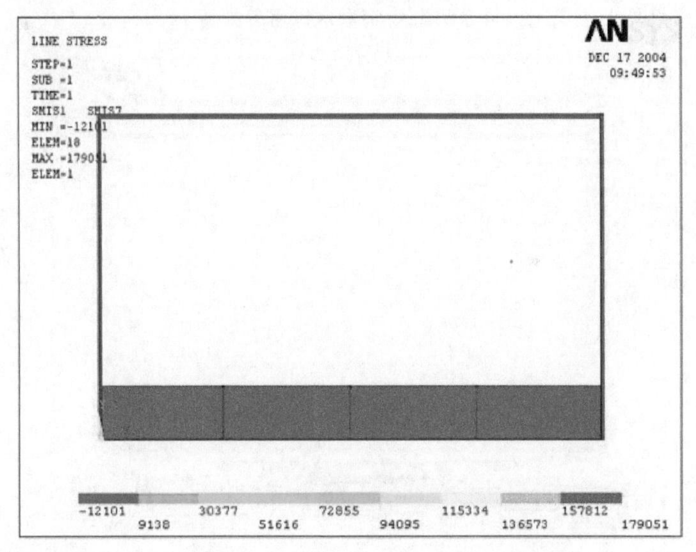

注:LINE STRESS—线性压力;STEP—步长;SUB—子步;TIME—时间;SMIS1 SMIS7—轴力;MIN—最小值;ELEM—单元号;MAX—最大值;全书同。图中轴力单位为 N,同类型图同。

图 1-4-2 恒载、满槽水作用轴力图

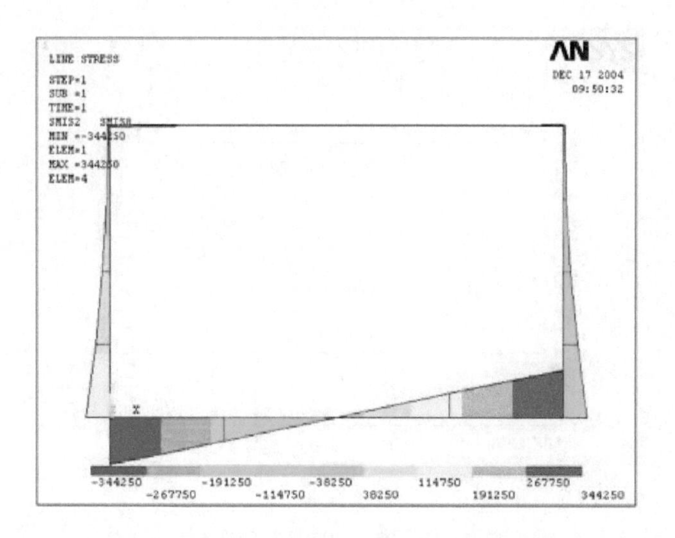

注:SMIS2　　SMIS8—剪力,全书同。图中剪力单位为N,同类型图同。

图1-4-3　恒载、满槽水作用剪力图

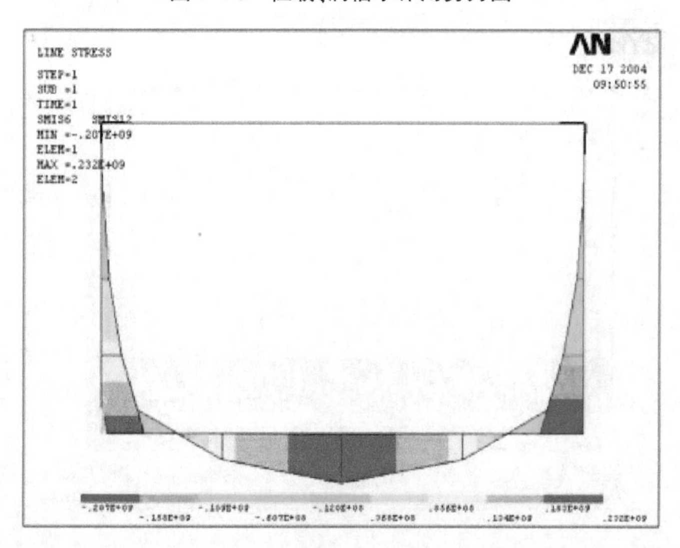

注:SMIS6　　SMIS12—弯矩,全书同。图中弯矩单位为N·mm,同类型图同。

图1-4-4　恒载、满槽水作用弯矩图

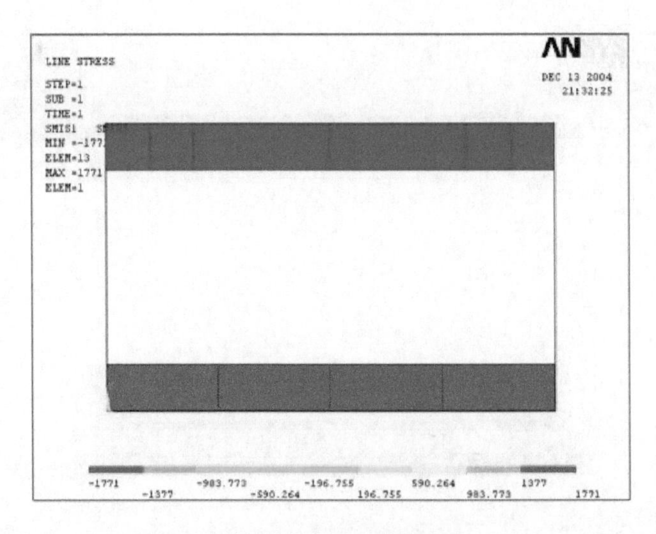

图 1-4-5 拉杆温升轴力图

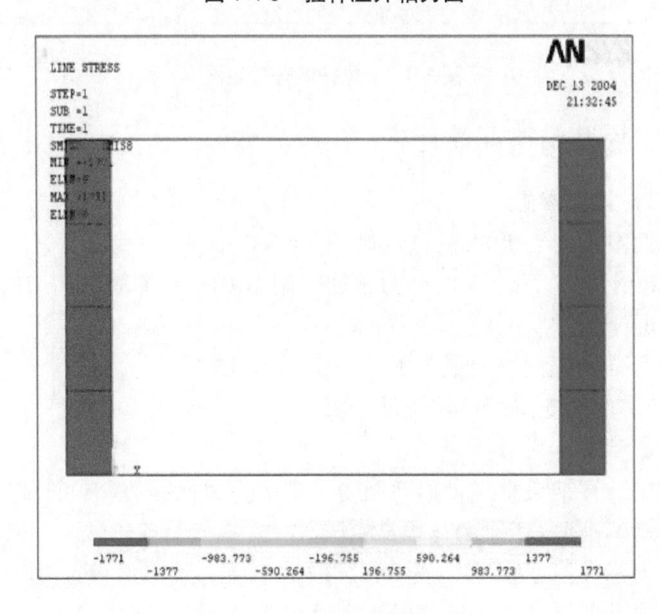

图 1-4-6 拉杆温升剪力图

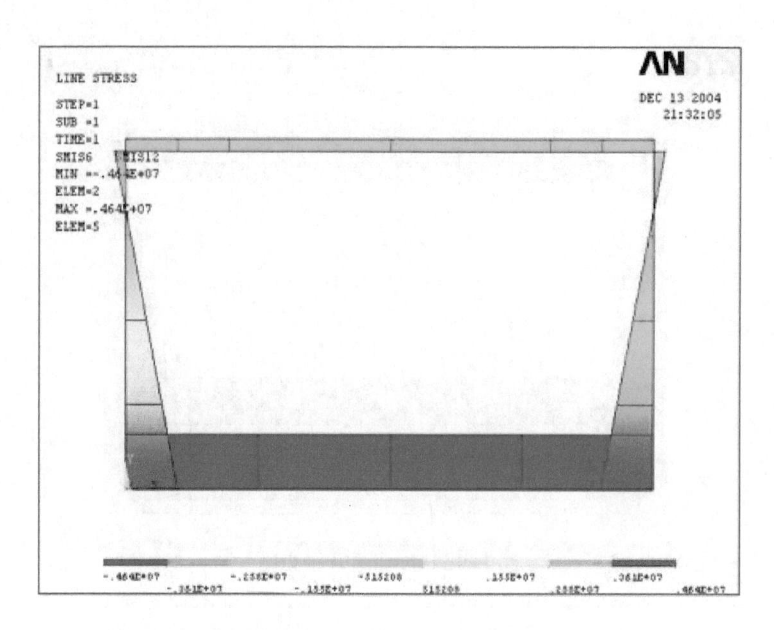

图 1-4-7　拉杆温升弯矩图

4.2.4　底肋结构配筋计算

4.2.4.1　计算参数

截面宽度 $b=300$ mm，截面高度 $h=600$ mm。

混凝土强度等级 C40，受力钢筋采用 HRB335，箍筋采用 HPB235。

混凝土保护层厚度 $a=35$ mm。

受弯梁受拉钢筋的最小配筋率 $\rho_{min}=0.15\%$。

4.2.4.2　底肋支座端结构配筋计算

1. 底肋支座内力

根据计算结果整理得出底肋支座端的内力标准值和设计值。

弯矩标准值：$M_k=207$（恒载+满槽）+5（温升）= 212（kN · m）。

轴力标准值：$N_k=179$（恒载+满槽）+2（温升）= 181（kN）。

剪力标准值：$V_k=344$（恒载+满槽）+0（温升）= 344（kN）。

弯矩设计值：$M=244.86$ kN · m。

剪力设计值：$V=397.32$ kN。

2. 底肋支座正截面受弯承载力计算

计算受拉钢筋截面面积 $A_s=1\ 936\ mm^2$。

实配 5 Φ 25 钢筋,实配受拉钢筋截面面积 $A_s=2\ 454\ mm^2$。

3. 底肋支座斜截面受剪承载力计算

$V=397.32\ kN<0.25f_c\times b\times h_0/\gamma_d=673\ kN$,截面尺寸满足要求。

混凝土承受的剪力 $V_c=0.07f_c\times b\times h_0=226\ kN$。

$\gamma_d\times V=476.78\ kN>V_c=226\ kN$,需配置箍筋。箍筋肢数 $n=2$,配箍筋,直径 $d=12\ mm$,箍筋间距 $s=100\ mm$。

箍筋的受剪承载力 $V_{sv}=328\ kN$。

$\gamma_d\times V=476.78\ kN<V_c+V_{sv}=554\ kN$,不配弯起钢筋。

4. 底肋支座正常使用极限状态验算

按荷载效应的长期组合计算的弯矩值 $M_l=233.20\ kN\cdot m$。

换算截面重心至受压边缘的距离 $y_0=323\ mm$。

换算截面对其重心轴的惯性矩 $I_0=6.52\times10^9\ mm^4$。

换算截面受拉边缘的弹性抵抗矩 $W_0=2.36\times10^7\ mm^3$。

截面抵抗矩塑性系数的修正系数 $\eta_h=1.200$,$\eta_h>1.1$,取 $\eta_h=1.1$。

截面抵抗矩塑性系数 $\gamma_m=1.550$,乘以修正系数 η_h,$\gamma_m=1.71$。

对应于荷载效应的长期组合,混凝土拉应力限制系数 $\alpha_{ct}=0.70$。

$\gamma_m\times\alpha_{ct}\times f_{tk}\times W_0=69.1\ kN\cdot m<M_l=233.20\ kN\cdot m$,抗裂不满足要求。

5. 裂缝宽度验算

纵向受拉钢筋直径 $d=25.00\ mm$。

按荷载效应的长期组合计算的构件纵向受拉钢筋应力:$\sigma_{sl}=193.3\ N/mm^2$。

受弯构件最大裂缝宽度:$w_{max,l}=0.27\ mm<$最大裂缝宽度允许值 0.30 mm,裂缝宽度满足要求。

4.2.4.3 底肋跨中结构配筋计算

1. 底肋跨中内力

根据计算结果整理得出底肋的内力标准值和设计值。

弯矩标准值：M_k = 232(恒载+满槽) +5(温升) = 237(kN · m)。

轴力标准值：N_k = 179(恒载+满槽) +2(温升) = 181(kN)。

弯矩设计值 M = 273.73 kN · m。

剪力设计值 V = 0。

2. 底肋跨中正截面受弯承载力计算

受压区计算高度 x = 135 mm。

计算受拉钢筋截面面积 A_s = 2 195 mm²。

实配 5 Φ 25 钢筋，实配受拉钢筋截面面积 A_s = 2 454 mm²。

3. 边墙底部正常使用极限状态验算

按荷载效应的长期组合计算的弯矩值 M_l = 260.70 kN · m。

换算截面重心至受压边缘的距离 y_0 = 323 mm。

换算截面对其重心轴的惯性矩 $I_0 = 6.52 \times 10^9$ mm⁴。

换算截面受拉边缘的弹性抵抗矩 $W_0 = 2.36 \times 10^7$ mm³。

截面抵抗矩塑性系数的修正系数 $\eta_h = 0.7 + 300/h = 1.200$，$\eta_h >$ 1.1，取 $\eta_h = 1.1$。

截面抵抗矩塑性系数 $\gamma_m = 1.550$，乘以修正系数 η_h，$\gamma_m = 1.71$。

对应于荷载效应的长期组合，混凝土拉应力限制系数 $\alpha_{ct} = 0.70$。

$\gamma_m \times \alpha_{ct} \times f_{tk} \times W_0$ = 69.1 kN · m < M_l = 260.70 kN · m，抗裂不满足要求。

4. 裂缝宽度验算

按荷载效应的长期组合计算的构件纵向受拉钢筋应力：σ_{sl} = 221 N/mm²。

受弯构件最大裂缝宽度：$w_{max,l}$ = 0.2 mm < 最大裂缝宽度允许值 0.30 mm，裂缝宽度满足要求。

4.2.5 边肋结构配筋计算

4.2.5.1 计算参数

截面宽度 b = 300 mm，截面高度 h = 600 mm。

翼缘计算宽度 b_f = 3 300 mm，翼缘高度 h_f' = 250 mm。

混凝土强度等级 C40，受力钢筋采用 HRB335，箍筋采用 HPB235。

混凝土保护层厚度 $a=35$ mm。

受弯梁受拉钢筋的最小配筋率 $\rho_{min}=0.15\%$。

4.2.5.2 边肋结构配筋计算

1. 边肋内力

根据计算结果整理得出底肋支座端的内力标准值和设计值。

弯矩标准值：$M_k=207$（恒载+满槽）+5（温升）= 212（kN·m）。

剪力标准值：$V_k=179$（恒载+满槽）+5（温升）= 184（kN）。

弯矩设计值 $M=244.86$ kN·m。

剪力设计值 $V=212.52$ kN。

2. 边肋正截面受弯承载力计算

截面能承受最大弯矩值 $M_u=293.83$ kN·m。

$M_u<f_c\times b_f'\times h_f'(h_0-h_f'/2)=5\ 469.75$ kN·m。

按宽度为 b_f' 的单筋矩形截面计算。

界限受压区计算高度 $\xi_b=0.544$，$\alpha_s=0.021$。

受压区相对高度 $\xi=0.021$。

不需配受压钢筋 $A_s'=0$。

计算受拉钢筋截面面积 $A_s=2\ 060$ mm²。

实配 6 Φ 25 钢筋实配受拉钢筋截面面积 $A_s=2\ 945$ mm²。

3. 边肋斜截面受剪承载力计算

$V=212.52$ kN$<0.25f_c\times b\times h_0/\gamma_d=566.72$ kN，截面尺寸满足要求。

混凝土承受的剪力 $V_c=190.42$ kN，$\gamma_d\times V=255.02$ kN$>V_c=190.42$ kN，需配置箍筋。

箍筋肢数 $n=2$，配箍筋，直径 $d=10$ mm，箍筋间距 $s=100$ mm。

箍筋的受剪承载力 $V_{sv}=191.64$ kN。

$\gamma_d\times V=255.02$ kN$<V_c+V_{sv}=382.06$ kN，不配弯起钢筋。

4. 边肋正常使用极限状态验算

按荷载效应的长期组合计算的弯矩值 $M_l=233.20$ kN·m。

换算截面重心至受压边缘的距离 $y_0=273.2$ mm。

换算截面对其重心轴的惯性矩 $I_0 = 3.9 \times 10^9\ \mathrm{mm}^4$。

换算截面受拉边缘的弹性抵抗矩 $W_0 = 1.71 \times 10^7\ \mathrm{mm}^3$。

截面抵抗矩塑性系数的修正系数 $\eta_h = 1.300$，$\eta_h > 1.1$，取 $\eta_h = 1.1$。

截面抵抗矩塑性系数 $\gamma_m = 1.50$，乘以修正系数 η_h，$\gamma_m = 1.65$。

对应于荷载效应的长期组合，混凝土拉应力限制系数 $\alpha_{ct} = 0.70$。

$\gamma_m \times \alpha_{ct} \times f_{tk} \times W_0 = 51.26\ \mathrm{kN \cdot m} < M_l = 233.20\ \mathrm{kN \cdot m}$，抗裂不满足要求。

5.裂缝宽度验算

按荷载效应的长期组合计算的构件纵向受拉钢筋应力：$\sigma_{sl} = 195.7\ \mathrm{N/mm^2}$。

受弯构件最大裂缝宽度：$w_{max,l} = 0.26\ \mathrm{mm}$ < 最大裂缝宽度允许值 0.30 mm，裂缝宽度满足要求。

4.3 拉杆拱结构结构设计

4.3.1 几何参数

4.3.1.1 拱轴线

拱矢高采用 10.5 m，拱支座跨度 47.00 m，矢跨比 = 1/4.5。拱轴线采用抛物线，拱轴线方程为

$$y = \frac{4 \times 10.5}{47^2} x(47 - x)$$

拱轴线坐标(半跨)见表 1-4-1，拱轴线见图 1-4-8。

表 1-4-1 拱轴线坐标(半跨)

x/m	1.9	3.7	5.5	7.3	9.1	10.9	12.7	14.5	16.3	18.1	19.9	21.7	23.5
y/mm	1 629	3 046	4 339	5 510	6 557	7 481	8 282	8 960	9 514	9 945	10 253	10 438	10 500

4.3.1.2 截面尺寸

拱、排架、横梁、拉杆截面尺寸见第 1 部分 2.2 节。

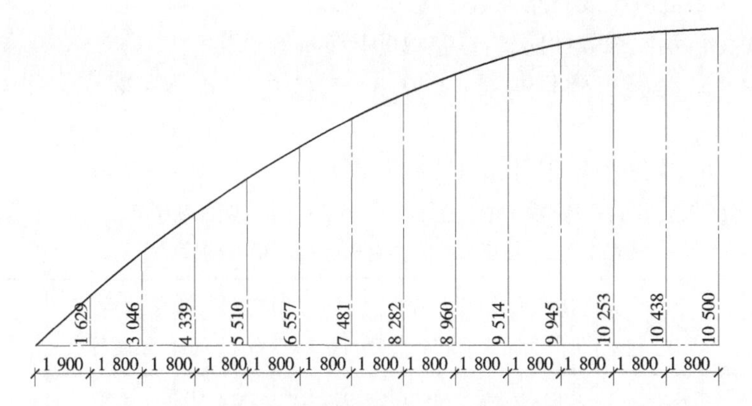

图 1-4-8 拱轴线 （单位：mm）

4.3.2 计算参数

4.3.2.1 相关系数

(1)结构重要性系数 1.1。

(2)结构系数 1.2。

(3)永久荷载组合系数 1.2。

(4)自重荷载分项系数：施工情况及正常运用情况取 1.2；校核情况取 1.0。

(5)可变荷载分项系数 1.2。

(6)风载系数 1.4。

(7)预应力荷载系数：当其对结构有利时，荷载分项系数取 1.0；当其对结构不利时，荷载分项系数取 1.2。

4.3.2.2 材料容重参数

(1)钢筋混凝土：25 kN/m^3。

(2)水：10 kN/m^3。

4.3.2.3 有限元分析中采用的参数

(1)混凝土密度：2.5×10^{-6} kg/mm^3。

(2)重力加速度：(y 向)$g=9.8$ m/s^2。

(3)混凝土线膨胀系数:1×10^{-5}/℃。

(4)钢绞线弹性模量:1.95×10^{5} N/mm^2。

(5)混凝土弹性模量:C40,3.25×10^{4} N/mm^2;C50,3.45×10^{4} N/mm^2。

(6)温度荷载:温升,5 ℃;温降,5 ℃。

(7)预应力拉杆拱有限元分析中各构件常数见表1-4-2。

表1-4-2 预应力拉杆拱有限元分析中各构件常数

构件名称	横截面面积/mm^2	I_{zz}/mm^4	I_{yy}/mm^4	T_{kz}/mm	T_{ky}/mm	混凝土强度等级	实常数
主拱	1.12×10^{6}	18.29×10^{10}	5.97×10^{10}	800	1 400	C50	1
拱端横梁	6.40×10^{5}	3.41×10^{10}	3.41×10^{10}	800	800	C40	2
拱横梁、排架	1.60×10^{5}	2.13×10^{9}	2.13×10^{9}	400	400	C40	3
拱端排架	3.60×10^{5}	1.08×10^{10}	1.08×10^{10}	600	600	C40	4
拱斜支承	2.50×10^{5}	5.21×10^{9}	5.21×10^{9}	500	500	C40	5
拉杆1(净面积)	3.35×10^{5}	8.83×10^{9}	8.83×10^{9}	500	500	C50	6
拉杆2(换算面积)	3.86×10^{5}	10.91×10^{9}	10.91×10^{9}	600	600	C50	7
吊杆(钢管)	2 826					D150 mm×10 mm	8

4.3.3 预应力损失

4.3.3.1 预应力钢筋布置

每片拱拉杆为600 mm×600 mm预应力混凝土拉杆,拉杆配32根钢绞线,分4孔,每孔8根,见图1-4-9。

预应力钢绞线张拉控制应力:

$$\sigma_{con}=0.60f_{ptk}=0.60\times1\ 860=1\ 116(\text{N/mm}^2)$$

4.3.3.2 预应力损失计算

预应力钢绞线采用两端张拉。

(1)预应力钢筋由于锚具变形和预应力钢筋内缩引起的预应力

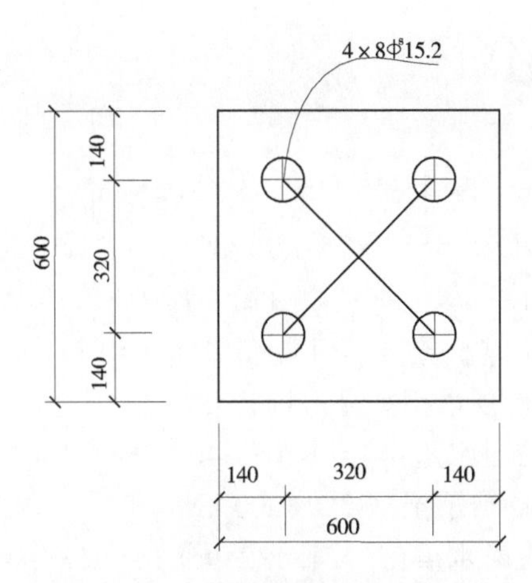

图 1-4-9 拉杆大样图 （单位：mm）

损失：

$$\sigma_{l1}=\frac{a}{l}E_s=\frac{6}{23\ 500}\times1.95\times10^5=50(\text{N/mm}^2)$$

（2）预应力钢筋与孔道壁之间的摩擦引起的预应力损失：

$$\sigma_{l2}=\kappa x\sigma_{\text{con}}=0.001\ 5\times23.5\times111\ 6=39(\text{N/mm}^2)$$

（3）预应力钢筋的应力松弛引起的预应力损失：

$$\sigma_{l4}=0.125\left(\frac{\sigma_{\text{con}}}{f_{\text{ptk}}}-0.5\right)\sigma_{\text{con}}=0.125\times(0.6-0.5)\times1\ 116$$
$$=14(\text{N/mm}^2)$$

（4）预应力钢筋由于混凝土的收缩和徐变引起的预应力损失：

$$\sigma_{l5}=\frac{35+280\dfrac{\sigma_{\text{pc}}}{f'_{\text{cu}}}}{1+15\rho}=\frac{35+280\times\dfrac{12.2}{50}}{1+15\times\dfrac{32\times139+20\times491}{2.25\times10^5\times2}}=70(\text{N/mm}^2)$$

（5）总预应力损失：

端部：　　50+14+70=134（N/mm²）

跨中：　　50+39+14+70=173（N/mm²）

平均：　　154 N/mm²，154/1 116=14%

4.3.4 荷载计算

4.3.4.1 渡槽自重

(1)渡槽自重：$q_1 = 3.345\times25 = 83.63$(kN/m)。

边肋及底梁重：$1.513\ 5\times25 = 38$(kN)。

每个排架柱柱顶承担垂直力：170 kN。

(2)设计水位时水重：$q_{1w} = 4.5\times2.03\times10 = 92$(kN/m)。

每个排架柱柱顶承担垂直力：165 kN。

(3)加大水位时水重：$q_{1w} = 4.5\times2.46\times10 = 111.0$(kN/m)。

每个排架柱柱顶承担垂直力：200 kN。

(4)满槽水位时水重：$q_{1w} = 4.5\times2.95\times10 = 133$(kN/m)。

每个排架柱柱顶承担垂直力：239 kN。

4.3.4.2 风荷载

依据《建筑结构荷载规范》(GB 50009—2001)，有

$$w_k = \beta_z \mu_z \mu_s w_0$$

式中 w_k——风荷载标准值，kN/m^2；

β_z——高度 z 处的风振系数，计算时取 $\beta_z = 1.7$；

μ_z——风压高度变化系数，计算时取 $\mu_z = 1.42$；

μ_s——风荷载体形系数，满槽水时取 $\mu_s = 1.3$；

w_0——基本风压，计算时取 $w_0 = 0.6\ kN/m^2$。

$w_k = 1.7\times1.42\times1.3\times0.6 = 1.88$($kN/m^2$)

渡槽每米长度上风荷载值：$q_w = 1.88\times3.55 = 6.67$(kN/m)。

每个排架柱承担水平力：26 kN。

每个排架柱承担垂直力：±11 kN。

拱体侧向风力(两个拱片)：$q_w = 1.88\times1.4\times2 = 5.26$(kN/m)。

排架侧向风力(两个排架)：$q_w = 1.88\times0.4\times2 = 1.50$(kN/m)。

4.3.4.3 地震力

1. 出拱平面地震作用(地震 1)

依据《公路工程抗震设计规范》(JTJ 004—1989)第 4.2.13 条进行计算。

出拱平面地震作用等效为水平向荷载,计算如下:

$$q_{ve}=C_iC_zK_h\beta G_{ma}=1.0\times0.35\times0.1\times2\times280=19(\mathrm{kN/m})$$

式中 C_i——重要性修正系数,取1.0;

C_z——综合影响系数,取0.35;

K_h——水平地震系数,取0.1;

β——动力放大系数,取2.0;

G_{ma}——包括拱上建筑在内沿拱圈单位弧长的平均重力,G_{ma} = 9 417.8/50(拱及排架重+槽体重)+92(设计水位时水重)= 280(kN/m)。

2. 拱平面内地震作用(地震2)

依据《公路工程抗震设计规范》(JTJ 004—1989)第4.2.13条进行计算。

单片拱顺桥向水平地震产生的竖向地震荷载计算公式如下(反对称作用于拱上):

$$q_{va}=C_iC_zK_h\beta\gamma_vG_{ma}/2$$
$$=1.0\times0.35\times0.1\times2.0\times0.69\times140=6.8(\mathrm{kN/m})$$

式中 γ_v——与在拱平面基本振型的竖向分量有关的系数,取0.69。

每个排架柱柱底集中力=8.8×3.6=32.2(kN)。

单片拱顺桥向水平地震产生的水平地震荷载计算公式如下(反对称作用于拱上):

$$q_{ha}=C_iC_zK_h\beta\gamma_hG_{ma}/2$$
$$=1.0\times0.35\times0.1\times2.0\times0.42\times140=4.1(\mathrm{kN/m})$$

式中 γ_h——与在拱平面基本振型的水平分量有关的系数,取0.42。

每个排架柱柱底集中力=4.1×3.6=15.6(kN)。

4.3.4.4 温度荷载

由于预应力拉杆拱结构为柔性结构,温度变化对拱影响不大,在拱设计计算中不予考虑。在槽体设计时,仅考虑上部拉杆温升、温降5 ℃对槽体内力的影响。

4.3.4.5 混凝土收缩与徐变

按拱体结构整体温降15 ℃进行考虑。

4.3.4.6 预应力等效荷载计算

1. 预应力等效荷载

在计算中需要将预应力荷载进行等效,并施工加到计算模型中,根据前面的预应力损失计算,预应力等效荷载为端部集中力:

$$N_{pe} = (1\ 116 - 154) \times 32 \times 139 = 4\ 278\ 976(\mathrm{N}) \approx 4\ 280\ \mathrm{kN}$$

2. 预应力等效荷载的改进

因拉杆预应力孔道占用了部分截面面积,为使计算应力接近真实情况,对等效荷载进行改进,改进等效荷载的计算方法如下:

有效张拉力 4 280 kN 作用于承受拱自重及排架自重的拱体上拱滑动铰产生的水平位移为-11.183 mm。

故作用在拉索拱上的改进等效荷载为

$$\widetilde{N}_{pe} = 4\ 280\ \mathrm{kN} + \frac{11.183}{47\ 000} \times (3.86 - 3.35) \times 10^5 \times 3.45 \times 10^4\ \mathrm{N} = 4\ 699\ \mathrm{kN}$$

为平衡换算截面比净截面面积大产生的自重,在拉杆上施加 1.25 kN/m 的向上线荷载。根据后面的计算结果比较,拉杆的截面应力相同,除拉杆外,其他杆件内力相同,按净截面和换算截面计算的拉杆应力基本相同,计算方法简单可行。

4.3.5 设计工况与工况组合

4.3.5.1 设计工况

1. 工况 1

工况 1 荷载包括拉杆拱渡槽拱自重+排架自重+等效荷载 4 280 kN。

预应力拉杆拱一次张拉,需进行全过程分析。

第一步:满堂脚手架就地浇筑混凝土拱体及排架,此时为状态 0,结构内力为零。

第二步:待混凝土强度达到设计强度时,进行预应力筋张拉,$\sigma_{con} = 0.6f_{ptk} = 0.6 \times 1\ 860 = 1\ 116(\mathrm{N/mm^2})$。

经预应力损失计算,拉杆端部等效荷载为端部集中力 4 280 kN。

2. 工况 2

第三步:渡槽槽体安装。渡槽槽体安装完毕后,此时为工况 2。

工况 2 荷载包括拱自重+排架自重+渡槽自重+改进等效荷载 4 699 kN。

3. 工况 3

第四步:渡槽正常运行达到设计水深,此时为工况 3。

工况 3 荷载包括拱自重+排架自重+渡槽自重+设计水深水重+改进等效荷载 4 699 kN。

4. 工况 4

第五步:渡槽满槽水深,此时为工况 4。

工况 4 荷载包括拱自重+排架自重+渡槽自重+满槽水重+改进等效荷载 4 699 kN。

5. 工况 5

拉杆拱渡槽在风荷载作用下计算,工况 5 荷载仅包括自重和风荷载。

风荷载=(6.67+5.26+1.5)×1.54=20.7(kN/m)>19 kN/m,风荷载较地震 1 更不安全,在计算中仅考虑风荷载的组合,而不考虑地震 1 的组合。

6. 工况 6

拉杆拱渡槽在地震 2 作用下计算,工况 6 荷载仅包括自重和地震 2。

7. 工况 7

考虑混凝土收缩和徐变产生的内力,温降 15 ℃。内力值较小,不予考虑。对预应力损失的影响已在预应力损失中考虑。

8. 工况 8

特殊工况:等效荷载为 0、满槽水深设计值。

4.3.5.2 工况组合

1. 组合 1:1.32(1.1×1.2)工况 4(预应力按有利考虑)

由于工况 1、工况 2、工况 3 的内力小于工况 4,在组合中不予考虑。

(1)结构自重×1.32,y 向重力加速度=9.8×1.32=12.94,渡槽自

重及满槽水重=(170+239)×1.32=540(kN)。

(2)改进等效集中荷载×1.0=4 699×1.0=4 699(kN)(预应力按有利考虑)。

2. 组合2:1.32 工况4(预应力按不利考虑)

(1)结构自重×1.32,y 向重力加速度=9.8×1.32=12.94,渡槽自重及满槽水重=409×1.32=540(kN)。

(2)改进等效集中荷载×1.32=4 699×1.32=6 203(kN)(预应力按不利考虑)。

3. 组合3:1.32 工况4+1.54(1.1×1.4)工况5(预应力按不利考虑)

(1)结构自重×1.32,y 向重力加速度=9.8×1.32=12.94,渡槽自重及满槽水重=409×1.32=540(kN)。

(2)改进等效集中荷载×1.0=4 699×1.0=4 699(kN)(预应力按有利考虑)。

(3)风荷载×1.54。

每个排架承担水平力:26×1.54=40(kN)。

每个排架柱承担垂直力:±11×1.54=±17(kN)。

拱体侧向风力(两个拱片):5.26×1.54=8.1(kN/m)。

排架侧向风力(两个排架):1.50×1.54=2.3(kN/m)。

4. 组合4:1.32 工况4+1.54 工况5

(1)结构自重×1.32,y 向重力加速度=9.8×1.32=12.94,渡槽自重及满槽水重=409×1.32=540(kN)。

(2)改进等效集中荷载×1.32=4 699×1.32=6 203(kN)(预应力按不利考虑)。

(3)风荷载×1.54。

每个排架承担水平力:26×1.54=40(kN)。

每个排架柱承担垂直力:±11×1.54=±17(kN)。

拱体侧向风力(两个拱片):5.26×1.54=8.1(kN/m)。

排架侧向风力(两个排架):1.50×1.54=2.3(kN/m)。

5. 组合5:结构自重+满槽水重+地震2

为便于计算及配筋,在组合中采用拱体中不同截面的最大轴力、弯

矩(因为拱体为小偏压构件,轴力、弯矩越大越不安全)、剪力、扭矩进行组合,作为配筋计算的依据。

4.3.6 计算模型及单元划分

4.3.6.1 计算模型

拉杆拱有限元计算程序采用国际通用有限元程序 ANSYS。有限元模型中拉杆、拱肋、斜撑、拱上排架采用空间梁单元建模,吊杆采用空间杆单元进行建模,计算模型见图 1-4-10。

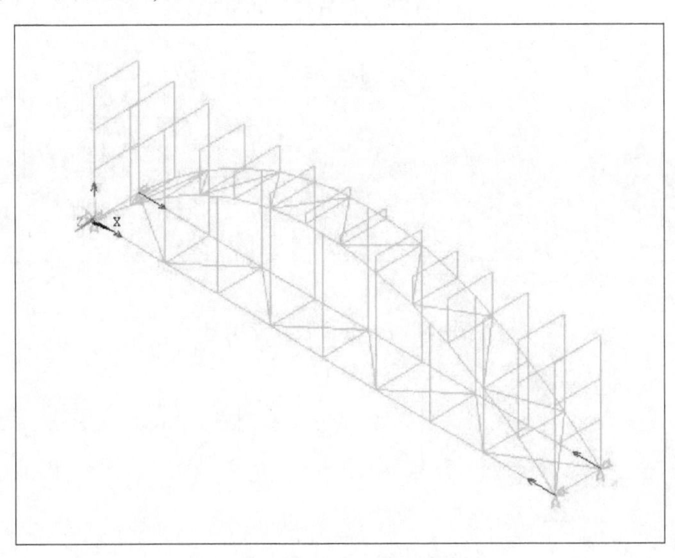

图 1-4-10 有限元计算模型

4.3.6.2 单元划分

单元划分见图 1-4-11~图 1-4-16。

4.3.7 各工况内力计算

4.3.7.1 工况 1

拉杆拱渡槽在拱自重+排架自重+等效荷载 4 280 kN 作用下,有限元分析结果简图见图 1-4-17~图 1-4-20。

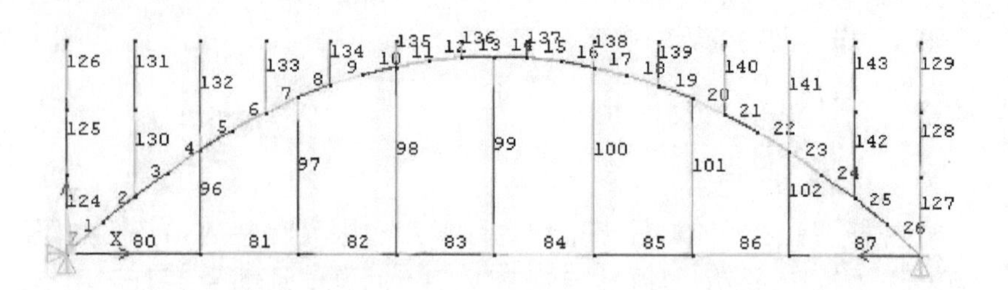

图 1-4-11　前片拱单元编号

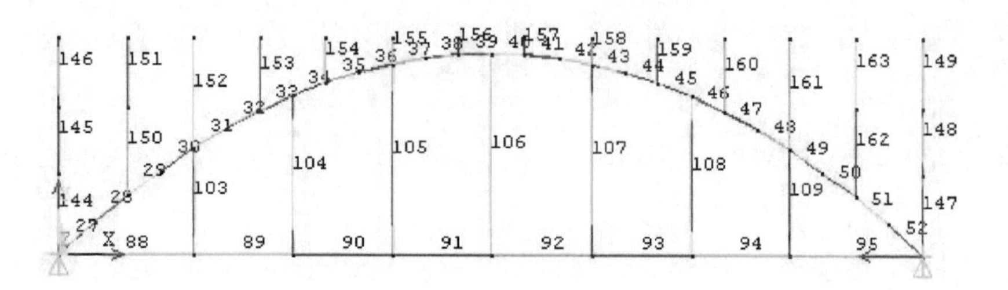

图 1-4-12　后片拱单元编号

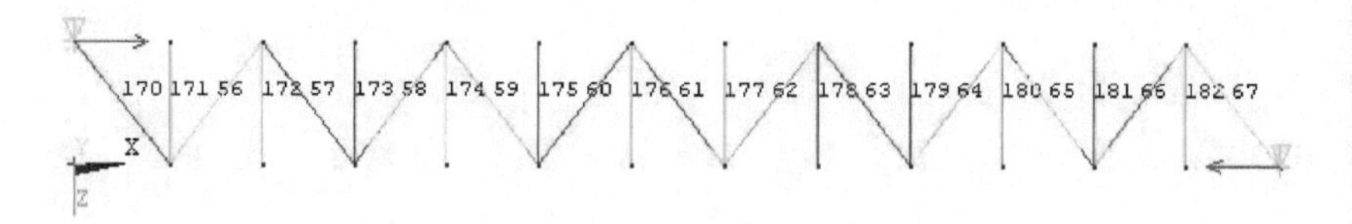

图 1-4-13　支承单元编号

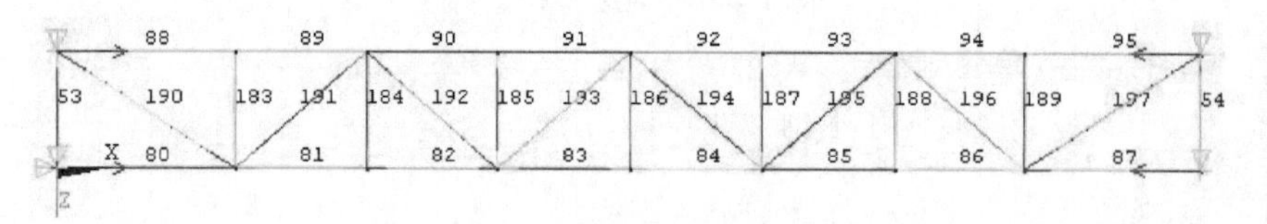

图 1-4-14　拉杆单元编号

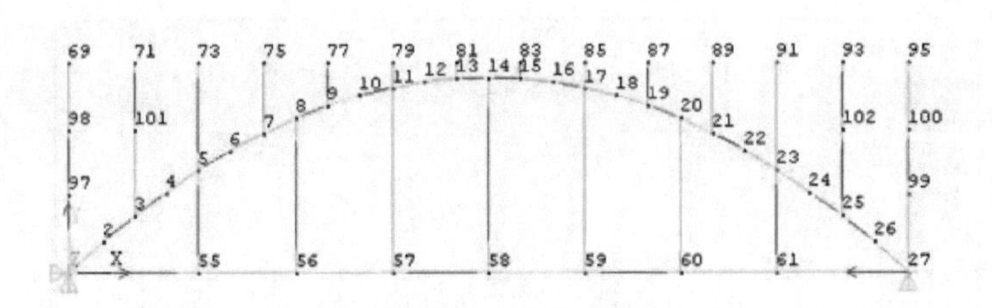

图 1-4-15 前片拱节点编号

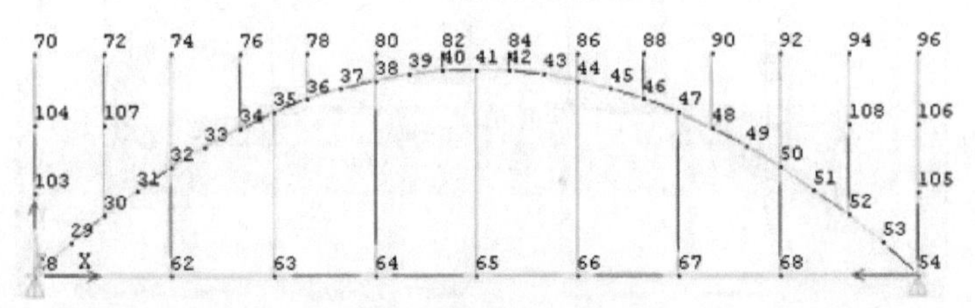

图 1-4-16 后片拱节点编号

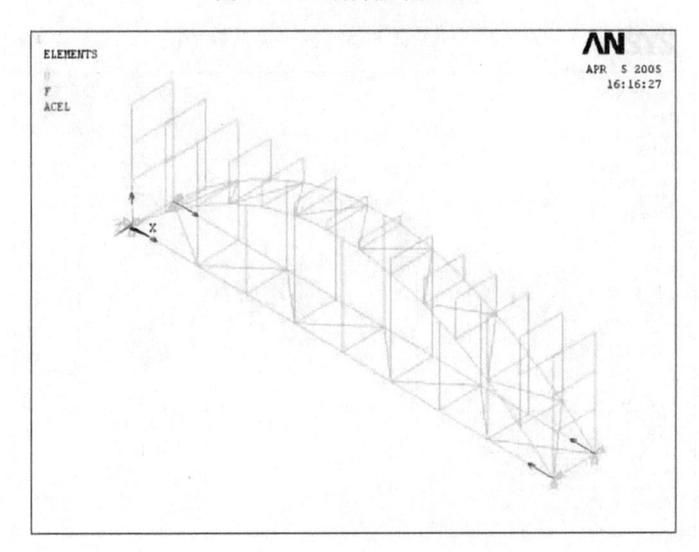

注:ELEMENTS—单元;ACEL—重力场;全书同。

图 1-4-17 工况 1 有限元模型图

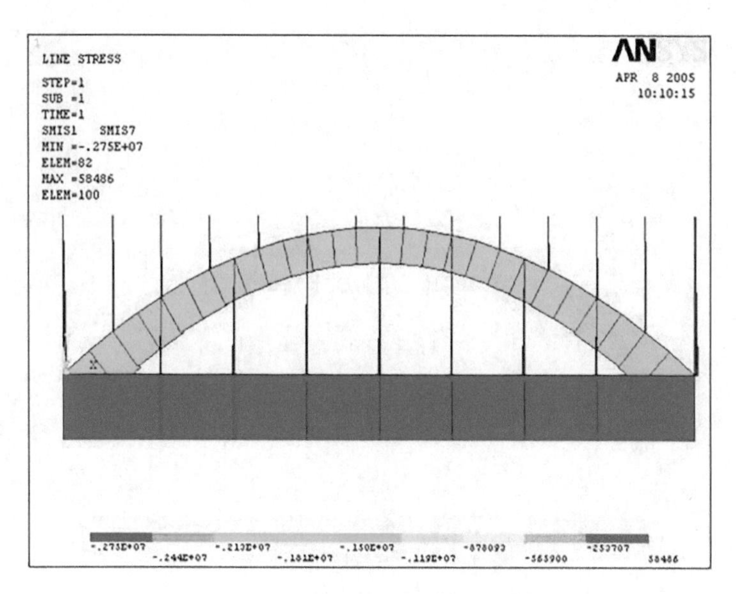

图 1-4-18　工况 1 前片拱平面内轴力图

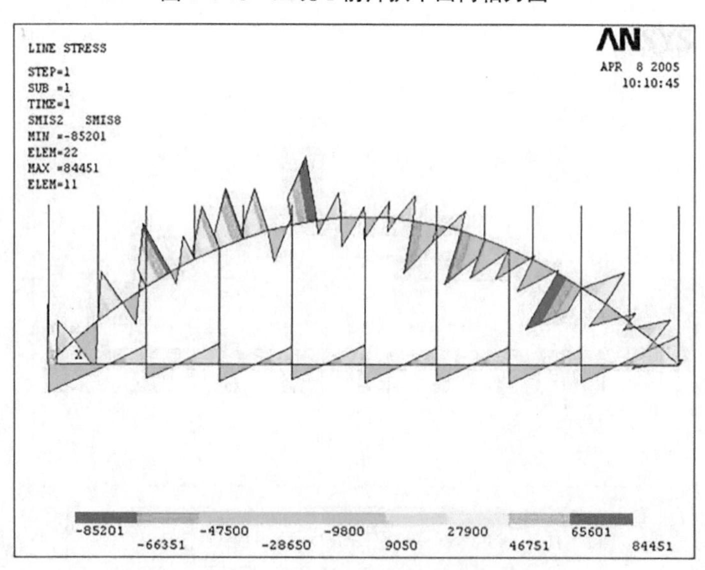

图 1-4-19　工况 1 前片拱平面内剪力图

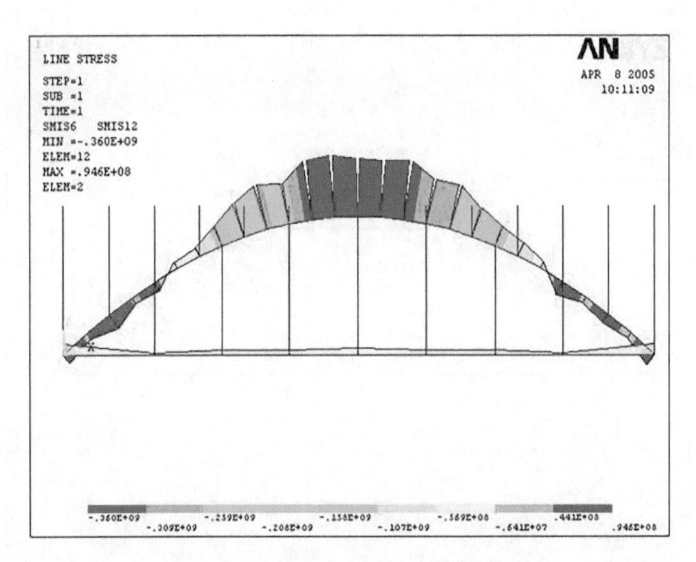

图 1-4-20 工况 1 前片拱平面内弯矩图

4.3.7.2 工况 2

拉杆拱渡槽在拱自重+排架自重+渡槽自重+改进等效荷载 4 699 kN 作用下,有限元分析结果简图见图 1-4-21~图 1-4-23。

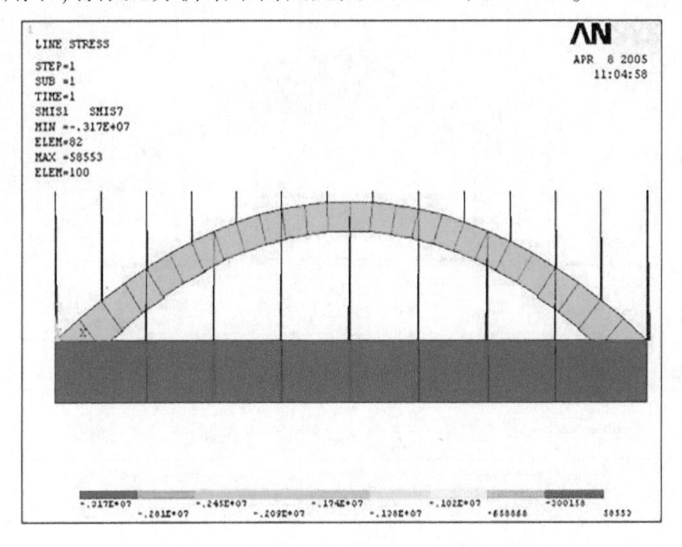

图 1-4-21 工况 2 前片拱平面内轴力图

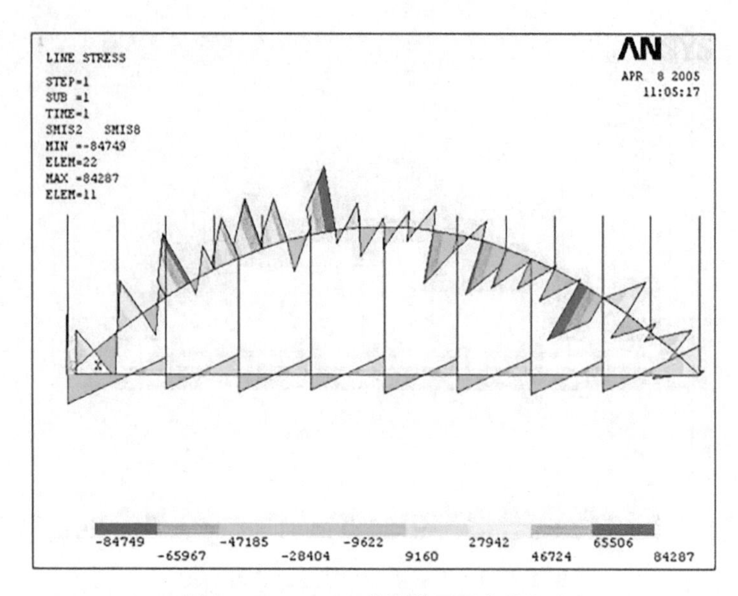

图 1-4-22　工况 2 前片拱平面内剪力图

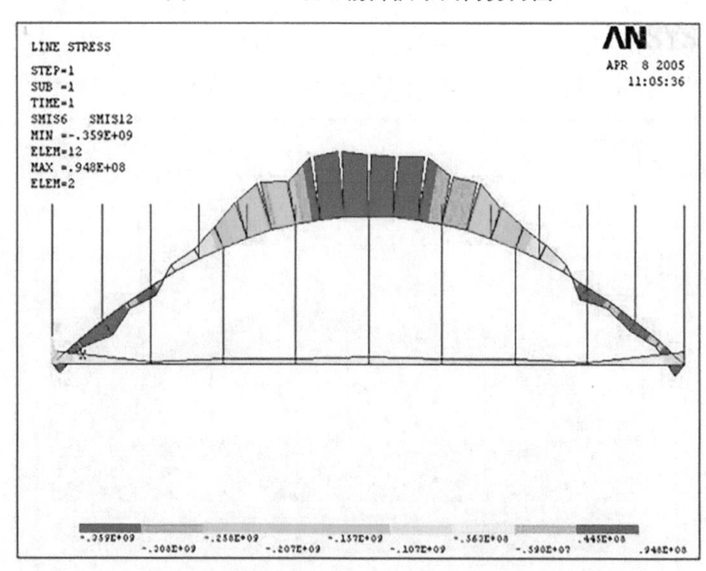

图 1-4-23　工况 2 前片拱平面内弯矩图

4.3.7.3 工况 3

拉杆拱渡槽在拱自重+排架自重+渡槽自重+设计水深水重+等效荷载 4 699 kN,有限元分析结果简图见图 1-4-24~图 1-4-27。

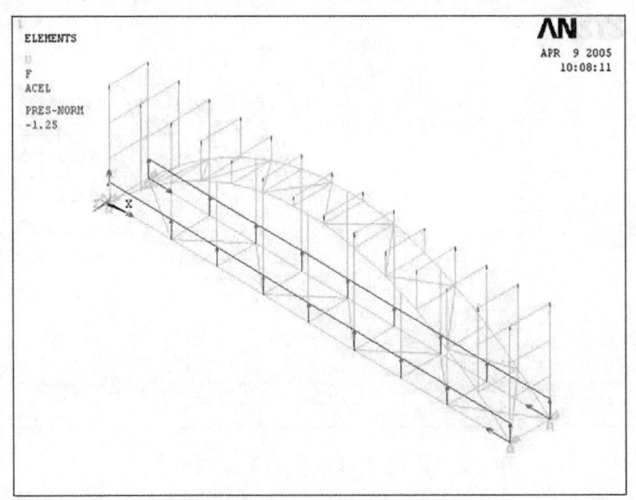

PRES—分布压力,全书同。

图 1-4-24 工况 3 有限元模型图

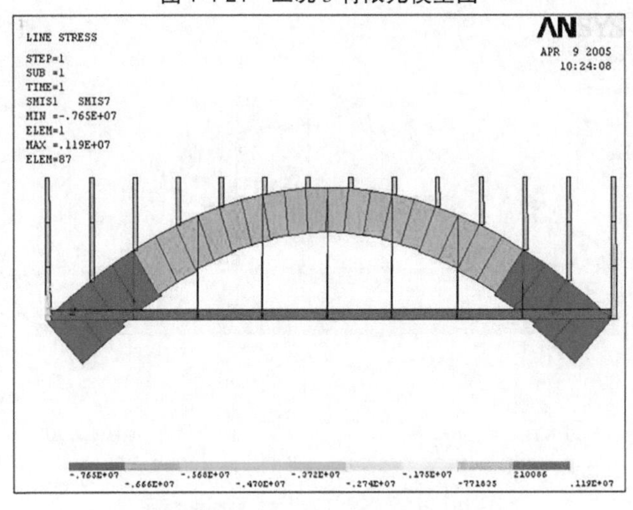

图 1-4-25 工况 3 前片拱轴力图

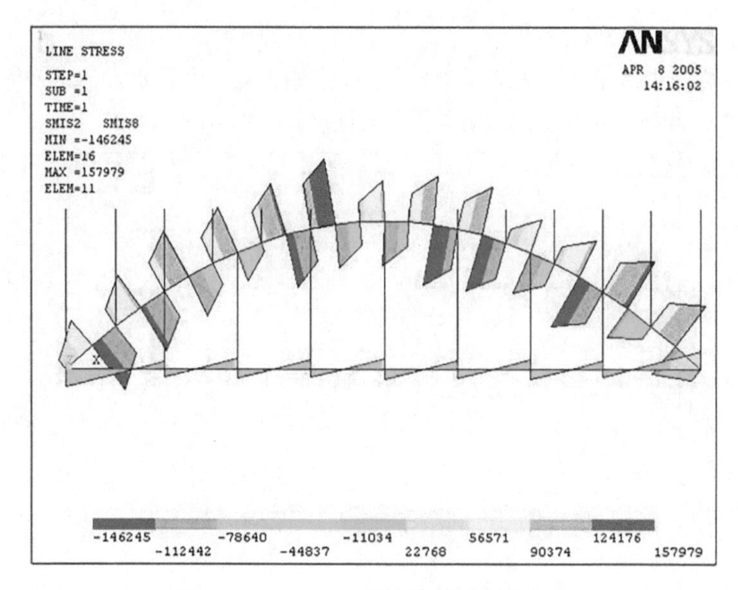

图 1-4-26　工况 3 前片拱平面内剪力图

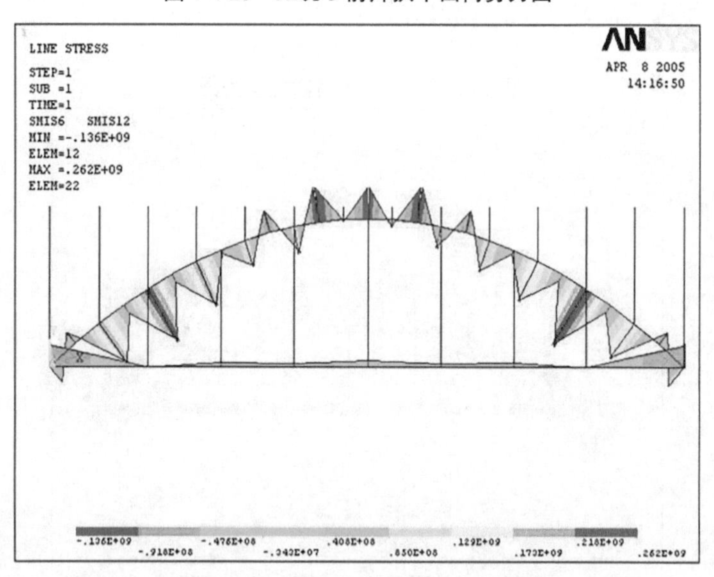

图 1-4-27　工况 3 前片拱平面弯矩图

4.3.7.4 工况 4

在拉杆拱渡槽在拱自重+排架自重+渡槽自重+满槽水深+改进等效荷载 4 699 kN 作用下,有限元分析结果简图见图 1-4-28～图 1-4-31。

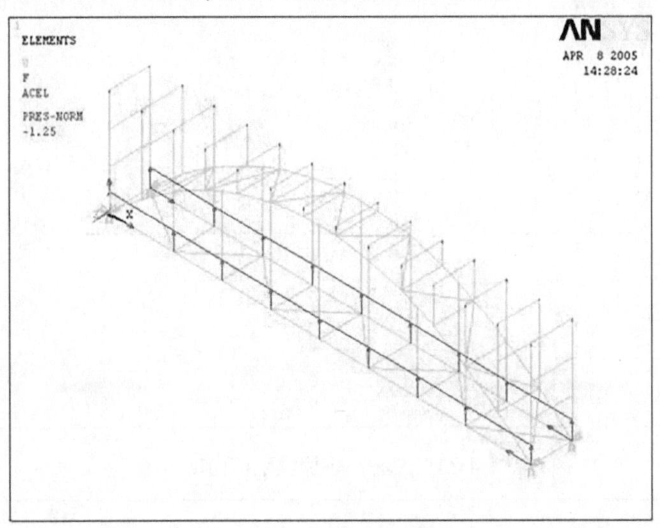

图 1-4-28 工况 4 有限元模型图

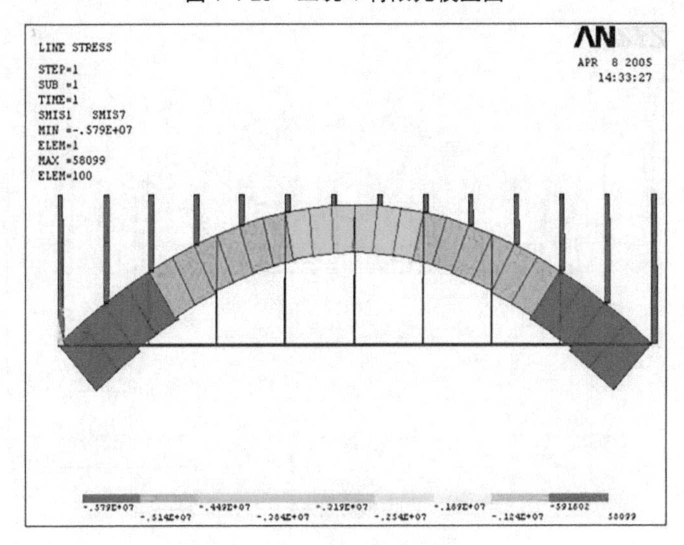

图 1-4-29 工况 4 前片拱轴力图

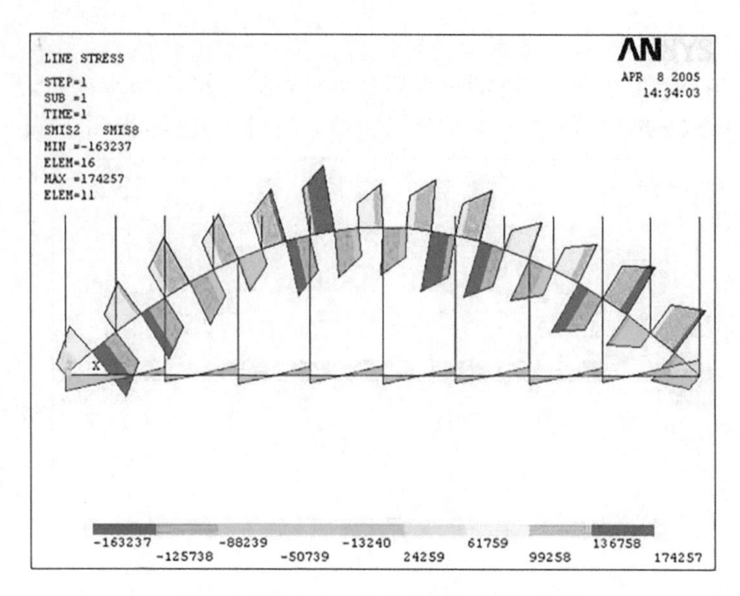

图 1-4-30　工况 4 前片拱平面内剪力图

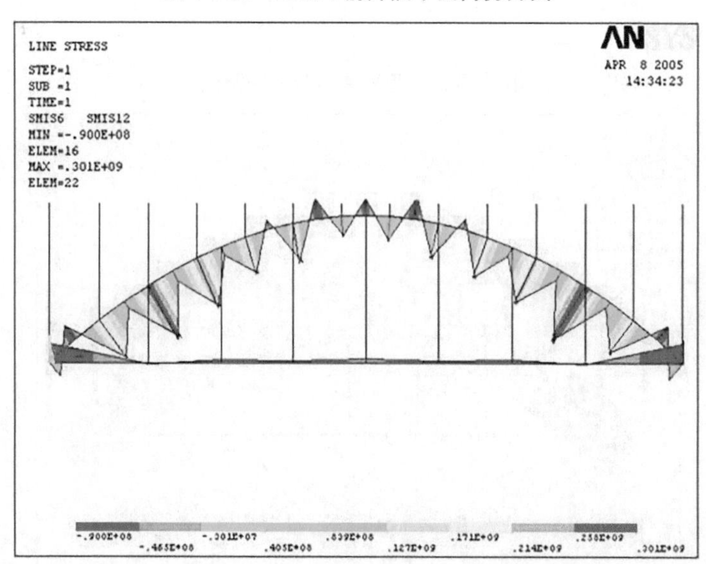

图 1-4-31　工况 4 前片拱平面内弯矩图

4.3.7.5 **工况 5**

工况 5 为风荷载工况，拉杆拱渡槽有限元分析结果简图见图 1-4-32～图 1-4-49。

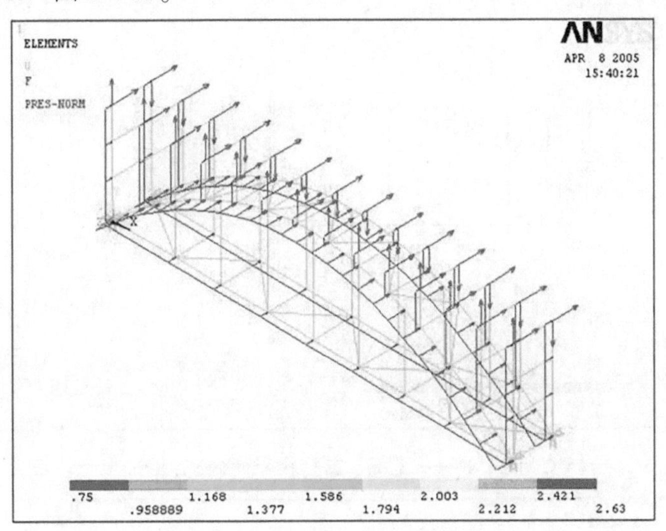

图 1-4-32 工况 5 有限元模型图

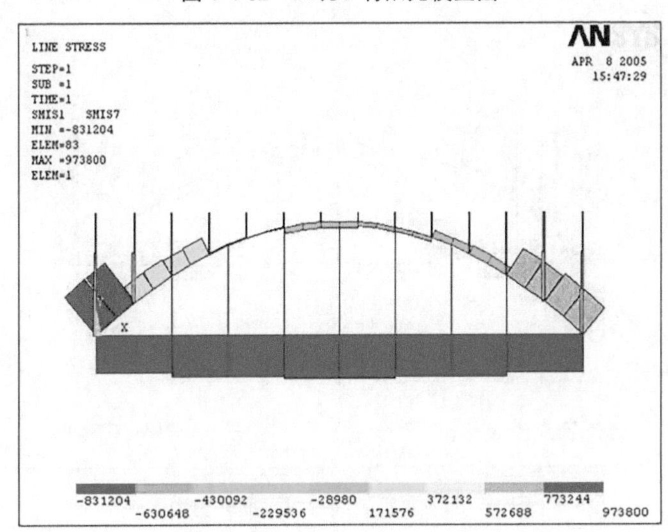

图 1-4-33 工况 5 前片拱平面内轴力图

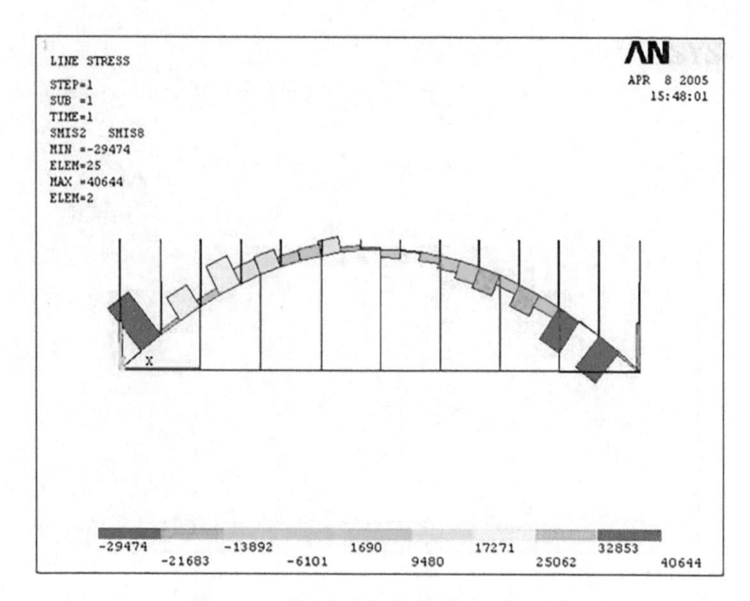

图 1-4-34　工况 5 前片拱平面内剪力图

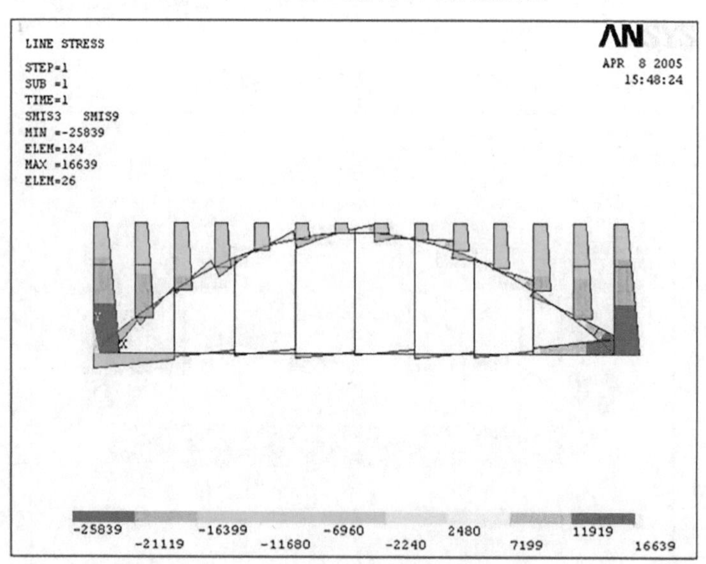

图 1-4-35　工况 5 前片拱平面外剪力图

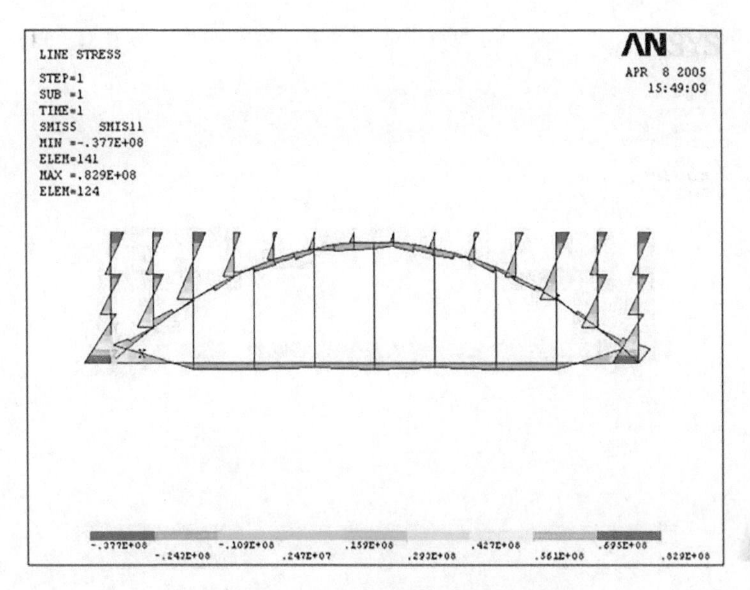

图 1-4-36 工况 5 前片拱平面外弯矩图

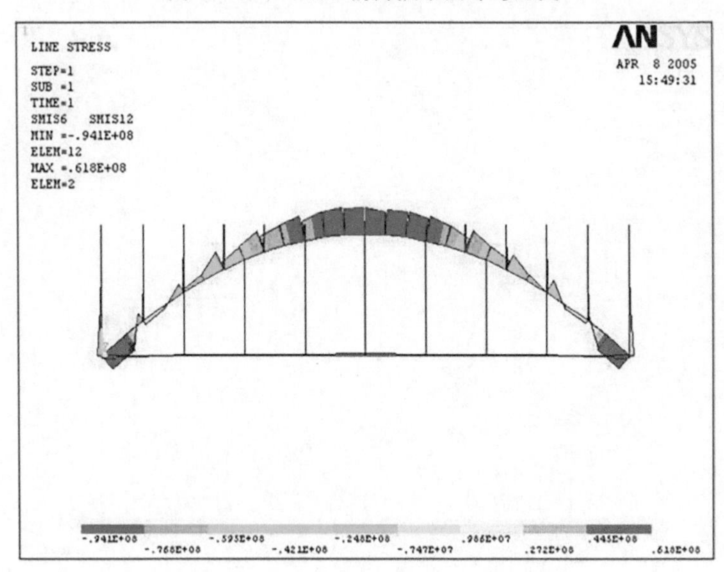

图 1-4-37 工况 5 前片拱平面内弯矩图

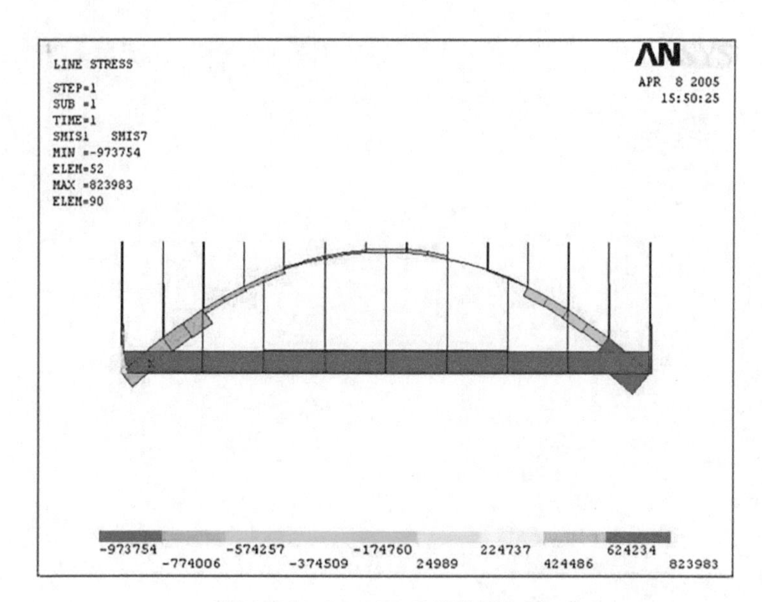

图 1-4-38 工况 5 后片拱轴力图

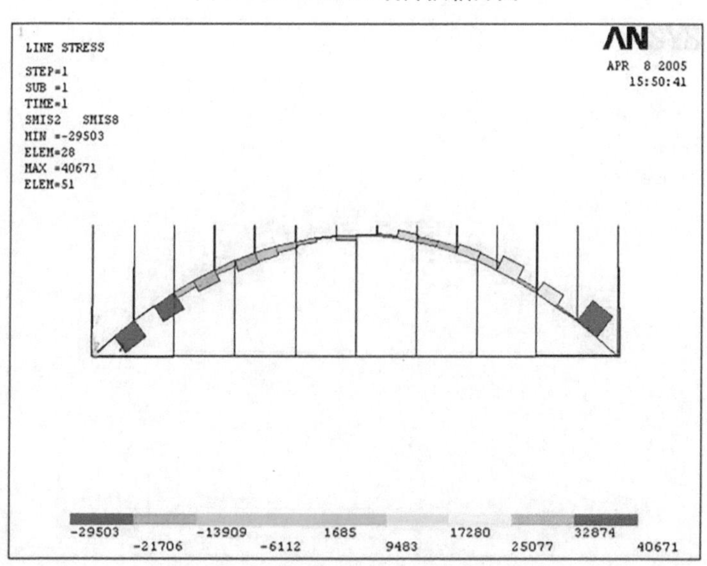

图 1-4-39 工况 5 后片拱平面内剪力图

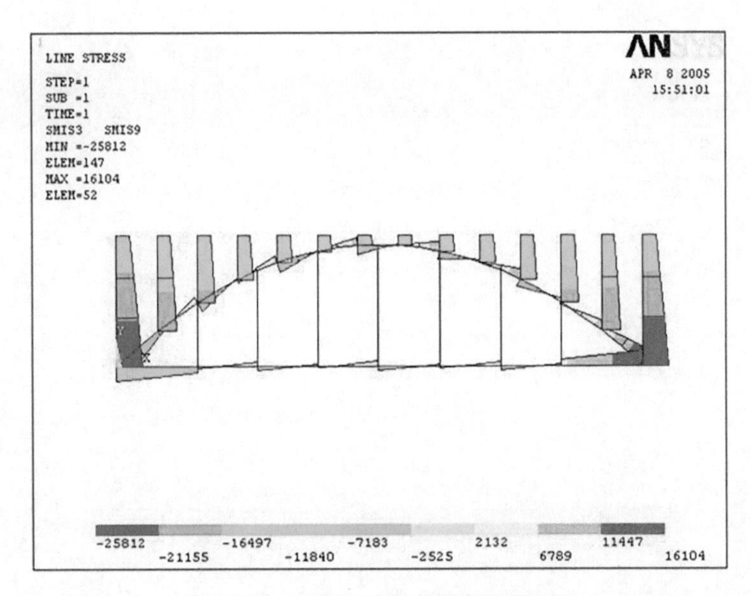

图 1-4-40　工况 5 后片拱平面外剪力图

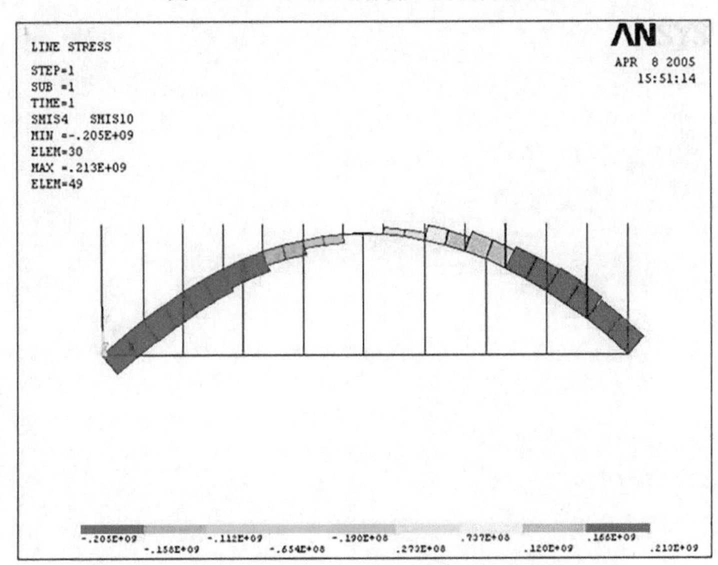

注:图中扭矩单位为 N · mm,同类型图同。

图 1-4-41　工况 5 后片拱扭矩图

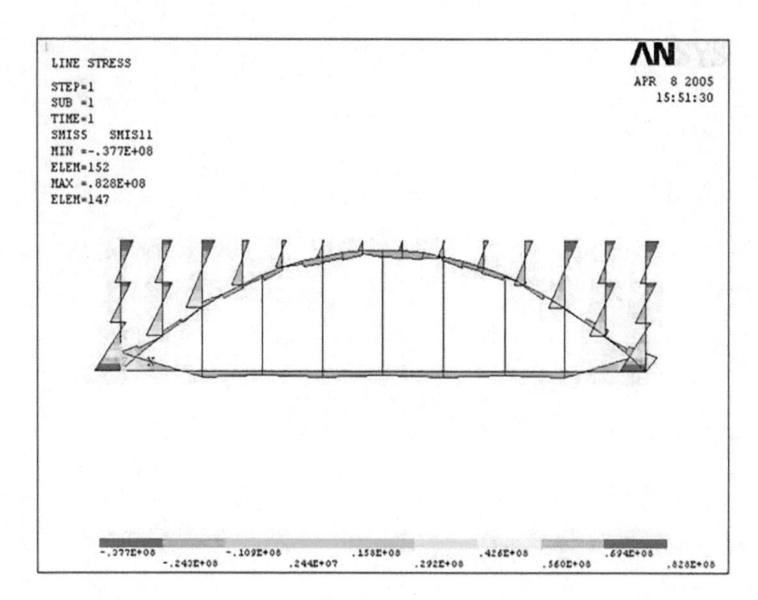

图 1-4-42　工况 5 后片拱平面外弯矩图

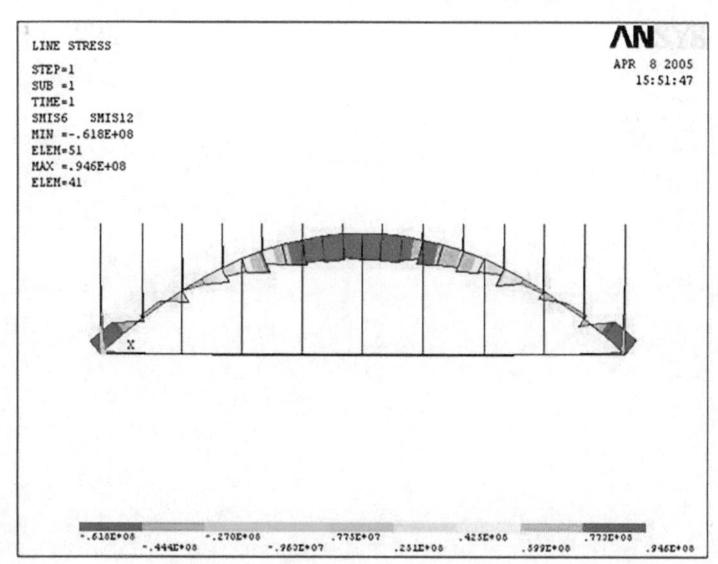

图 1-4-43　工况 5 后片拱平面内弯矩图

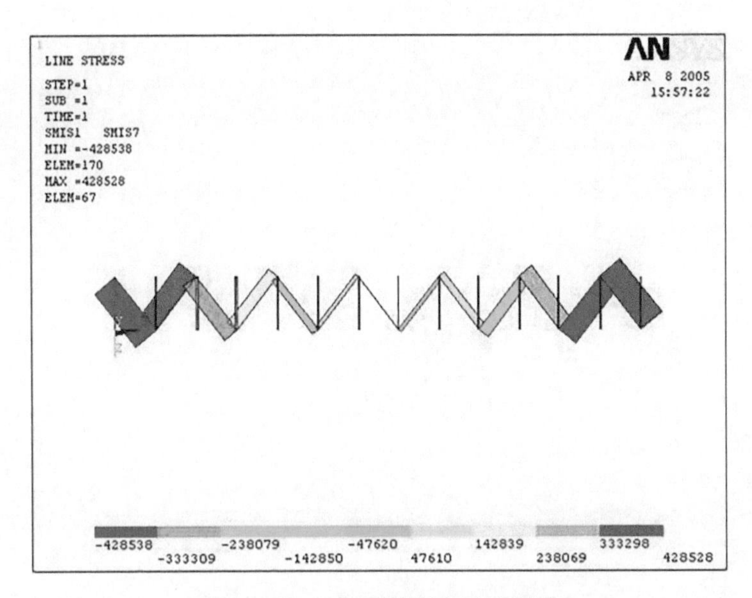

图 1-4-44 工况 5 拱斜支承轴力图

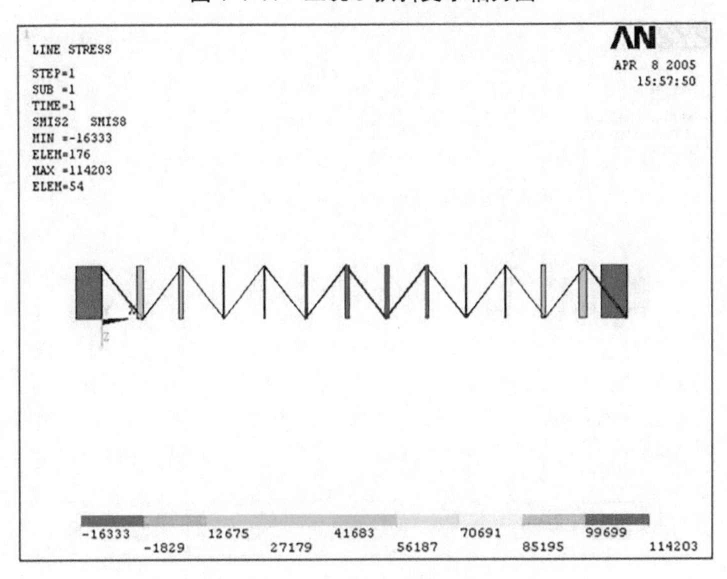

图 1-4-45 工况 5 拱斜支承剪力图 1

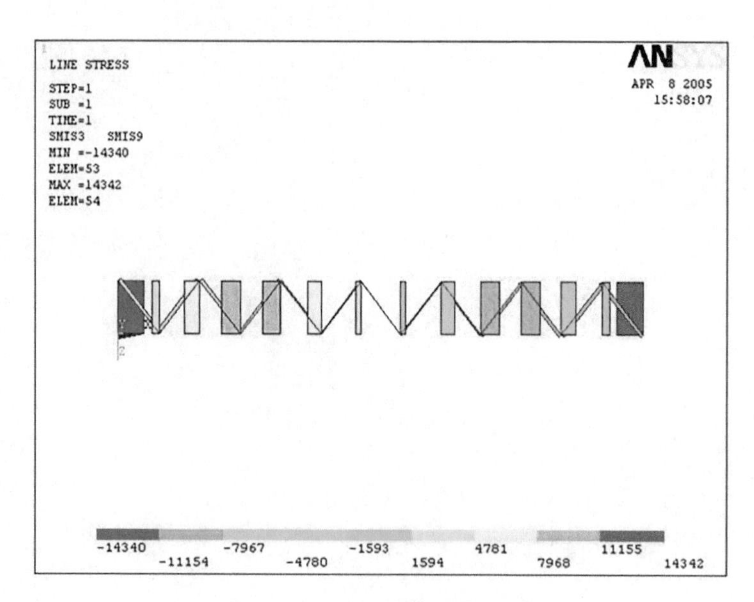

图 1-4-46　工况 5 拱斜支承剪力图 2

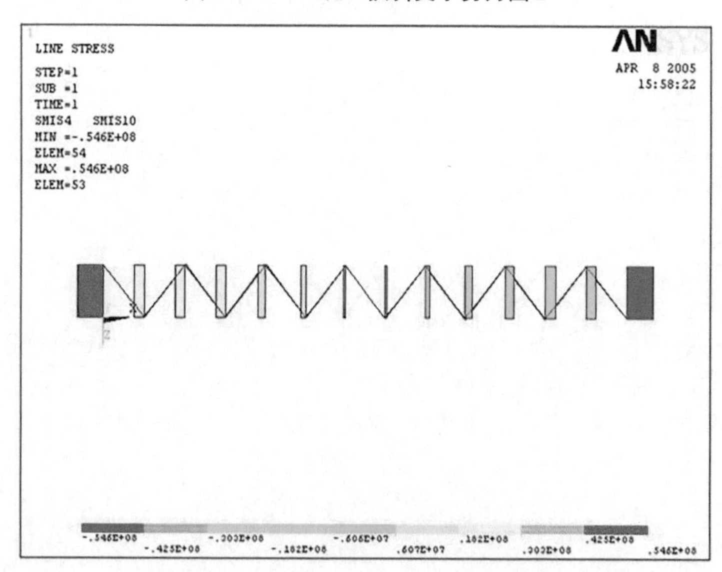

图 1-4-47　工况 5 拱斜支承扭矩图

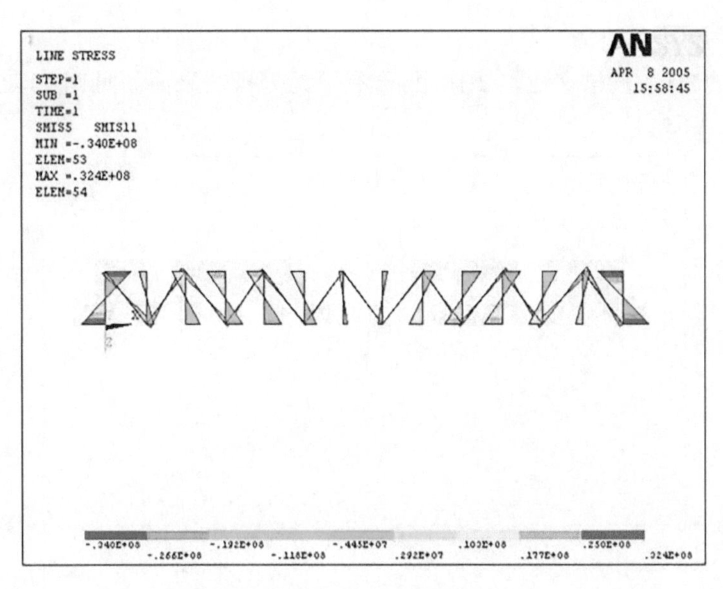

图 1-4-48　工况 5 拱斜支承弯矩图 1

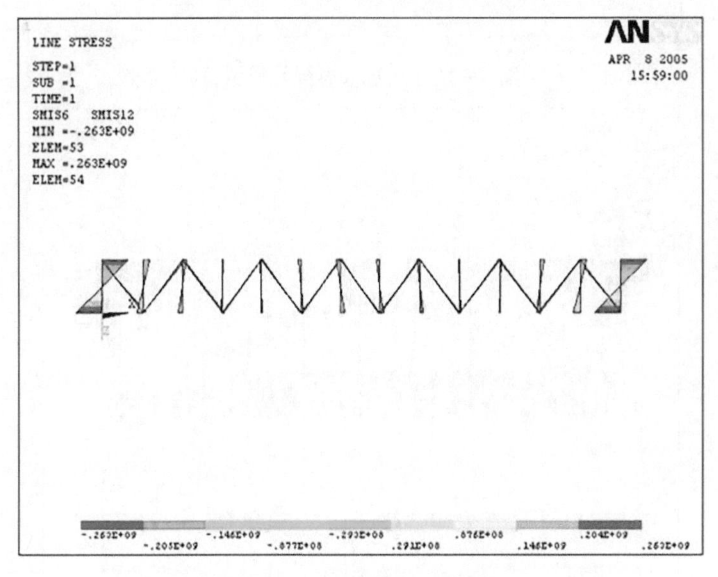

图 1-4-49　工况 5 拱斜支承弯矩图 2

4.3.7.6 工况 6

拉杆拱渡槽在地震 2 作用下,有限元分析结果简图见图 1-4-50～图 1-4-53。

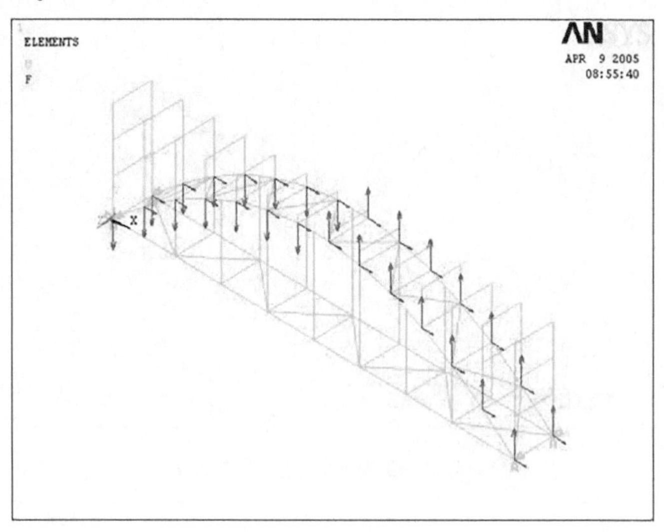

图 1-4-50 工况 6 有限元模型图

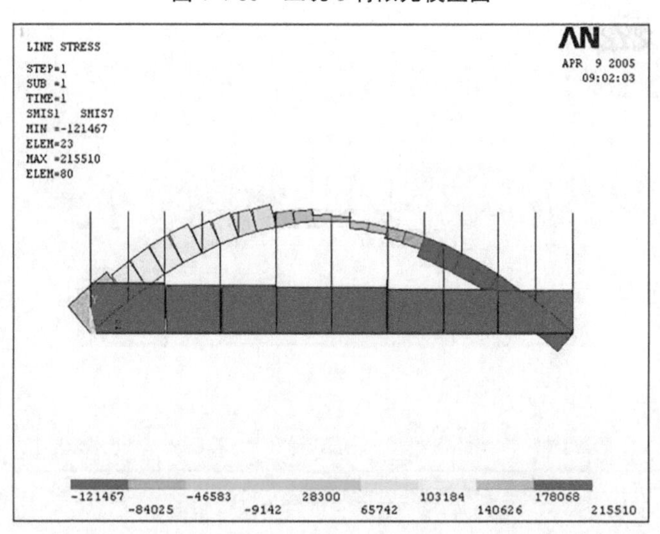

图 1-4-51 工况 6 前片拱平面内轴力图

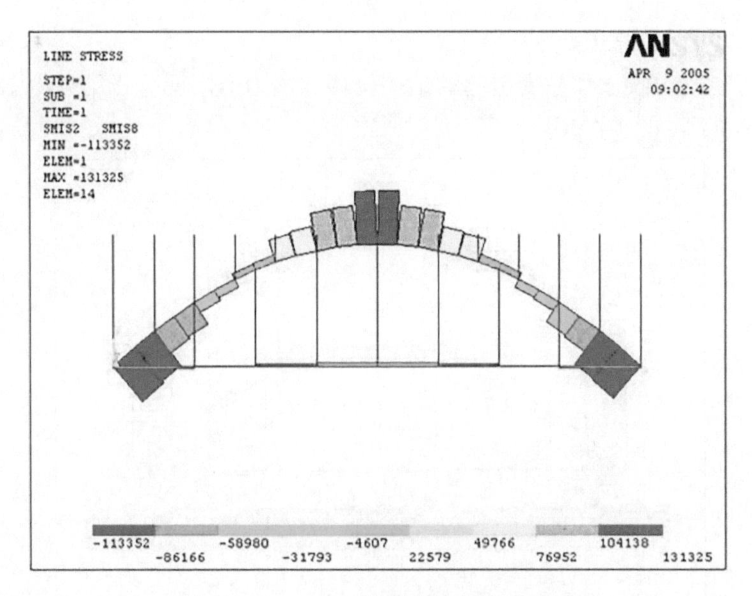

图 1-4-52　工况 6 前片拱平面内剪力图

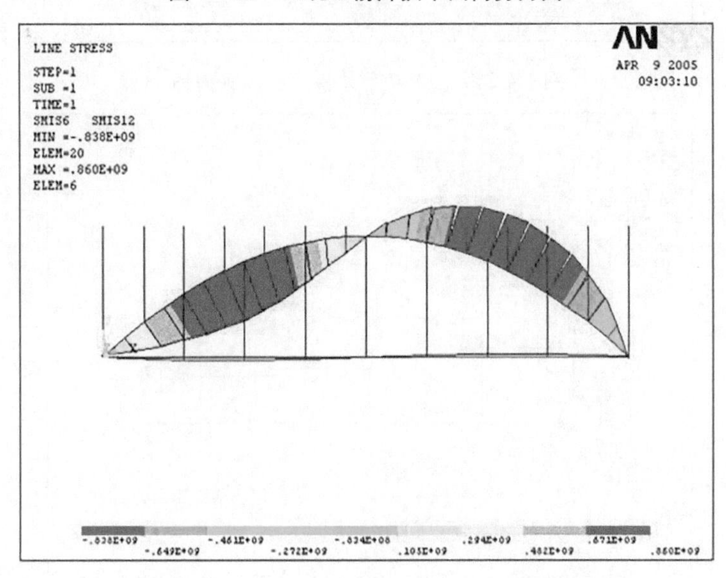

图 1-4-53　工况 6 前片拱平面内弯矩图

4.3.7.7 工况 7

混凝土收缩和徐变引起的结构位移和内力有限元分析结果简图见图 1-4-54~图 1-4-56。

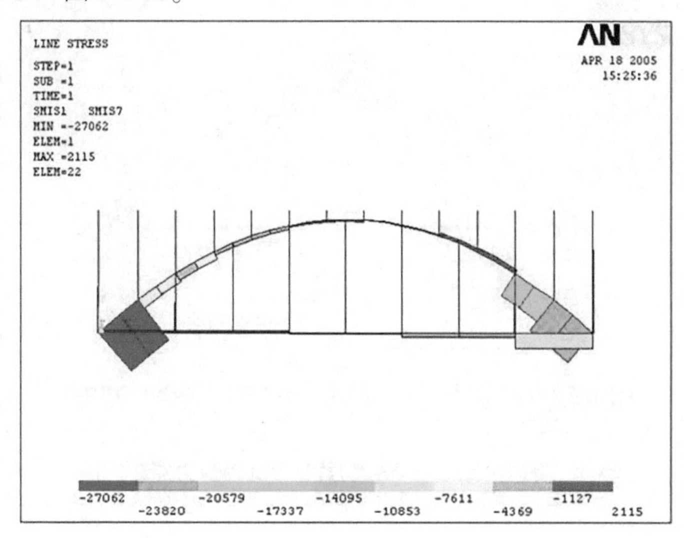

图 1-4-54 工况 7 前片拱平面内轴力图

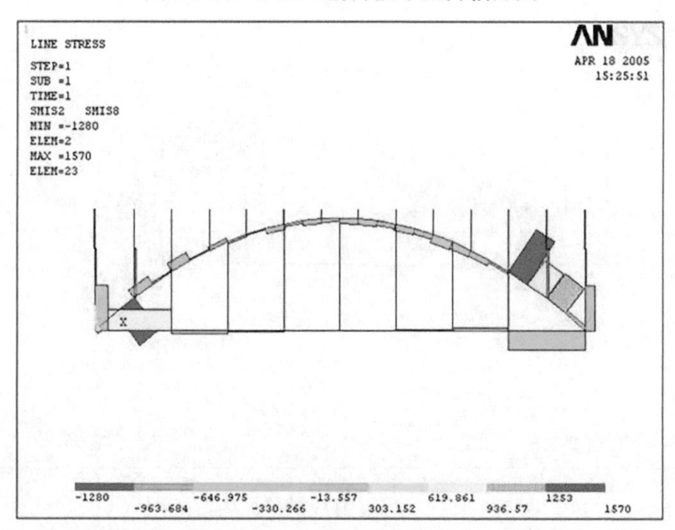

图 1-4-55 工况 7 前片拱平面内剪力图

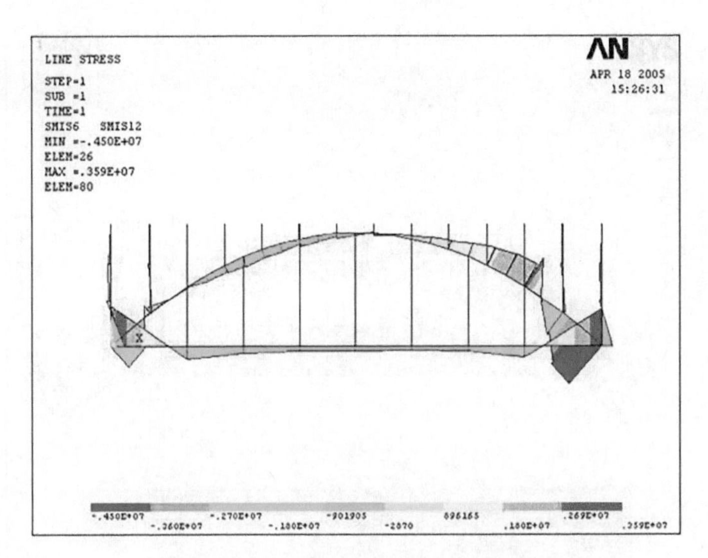

图 1-4-56　工况 7 前片拱平面弯矩图

4.3.7.8　工况 8

特殊工况,等效荷载为 0、满槽水深时,拉杆拱渡槽有限元分析结果简图见图 1-4-57～图 1-4-60(内力值为设计值)。

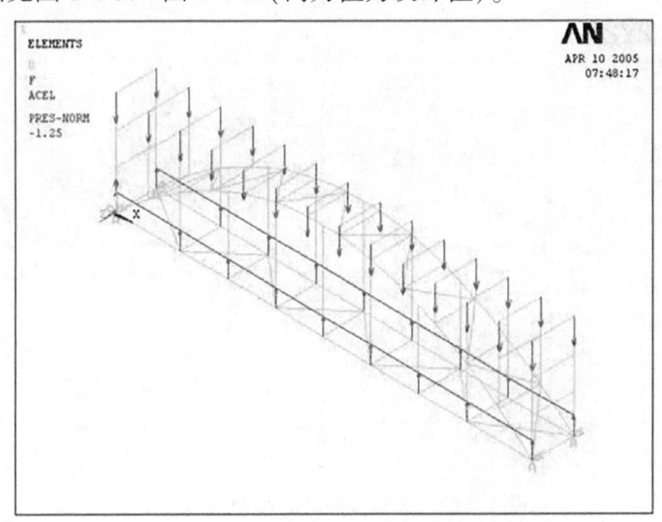

图 1-4-57　工况 8 有限元模型图

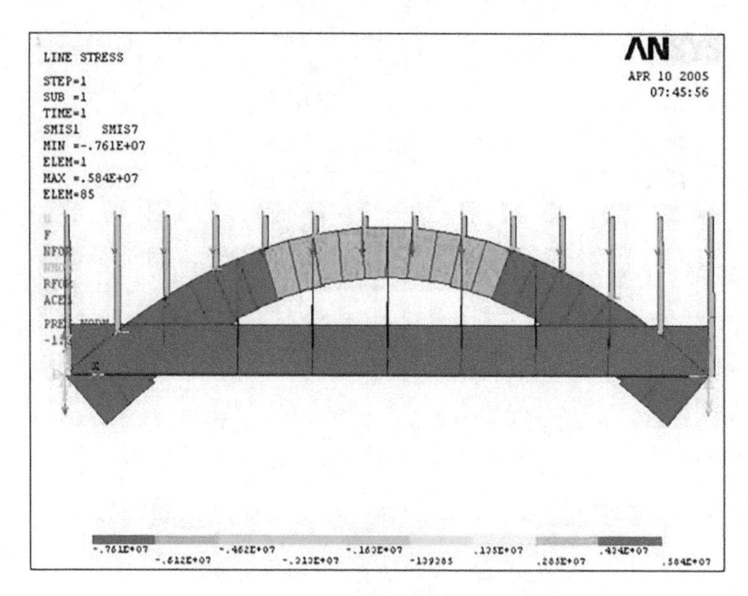

图 1-4-58　工况 8 前片拱平面内轴力图

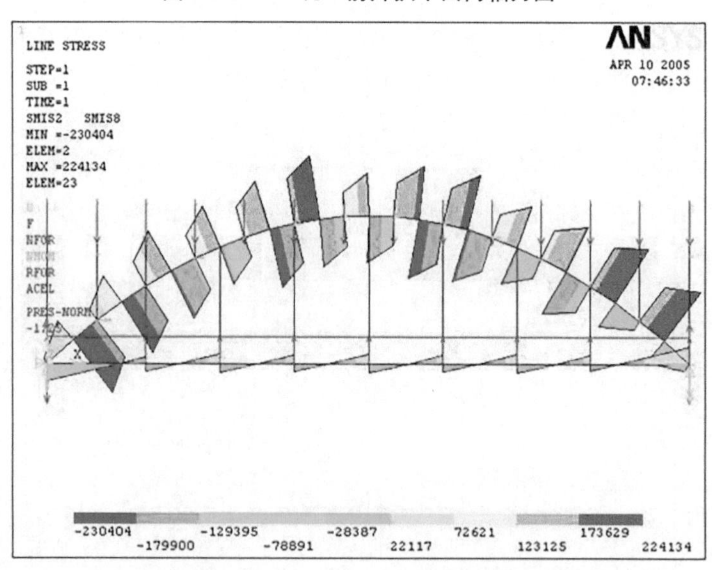

图 1-4-59　工况 8 前片拱平面内剪力图

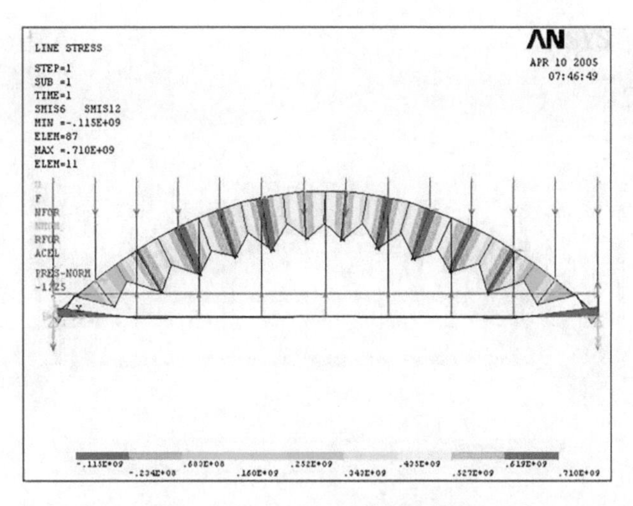

图 1-4-60 工况 8 前片拱弯矩图

4.3.8 各工况组合内力计算

4.3.8.1 组合 1

工况 4(预应力按有利荷载考虑),有限元分析结果简图见图 1-4-61~图 1-4-64。

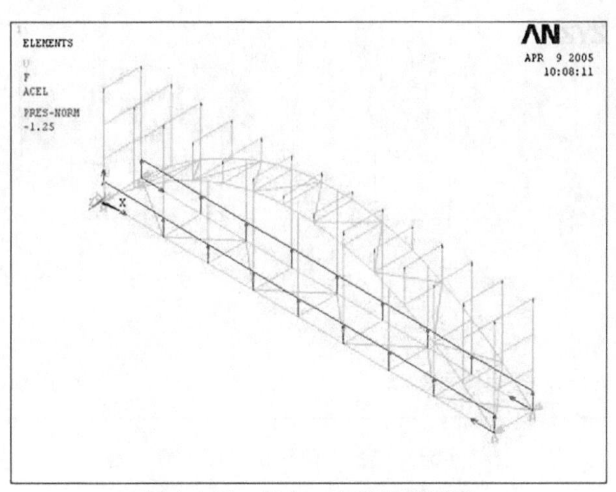

图 1-4-61 组合 1 有限元模型图

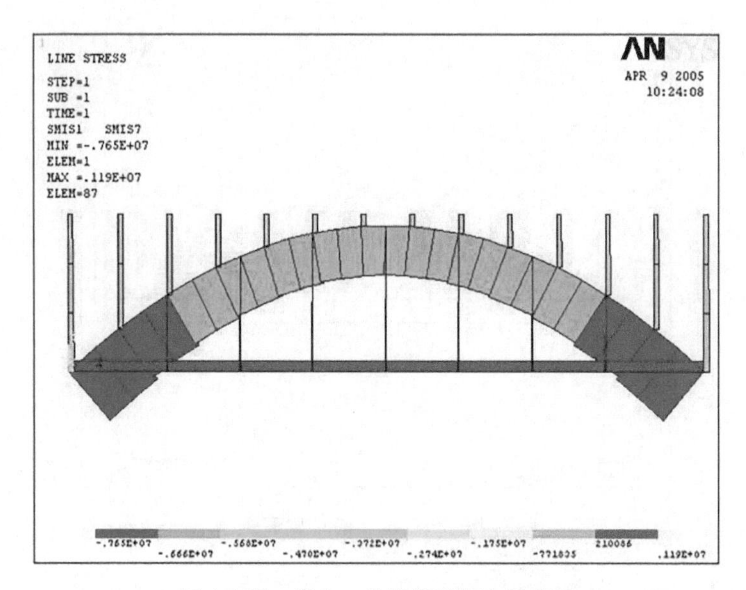

图 1-4-62 组合 1 前片拱平面内轴力图

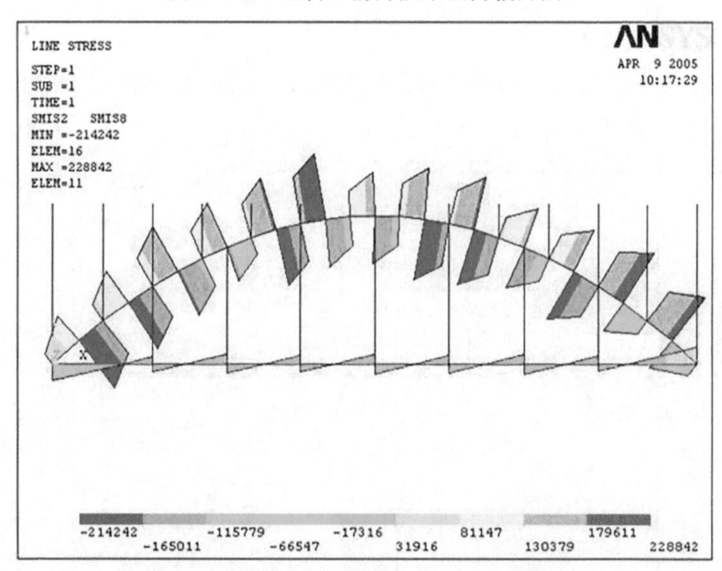

图 1-4-63 组合 1 前片拱平面内剪力图

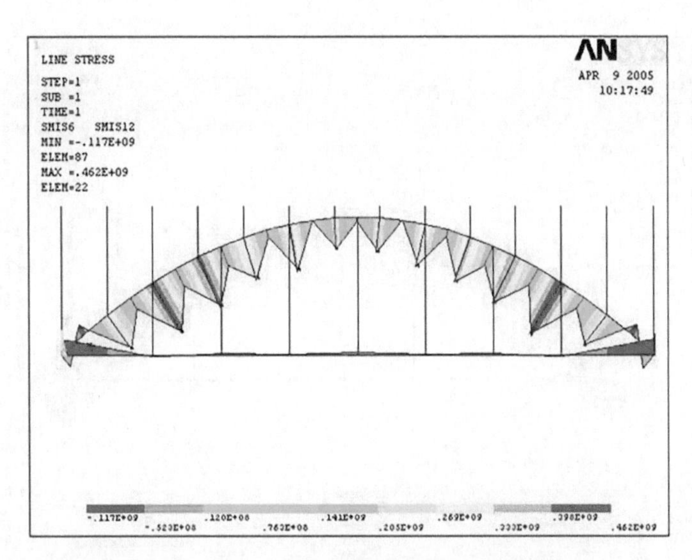

图 1-4-64 组合 1 前片拱平面内弯矩图

4.3.8.2 组合 2

工况 4(预应力按不利荷载考虑),有限元分析结果简图见图 1-4-65~图 1-4-68。

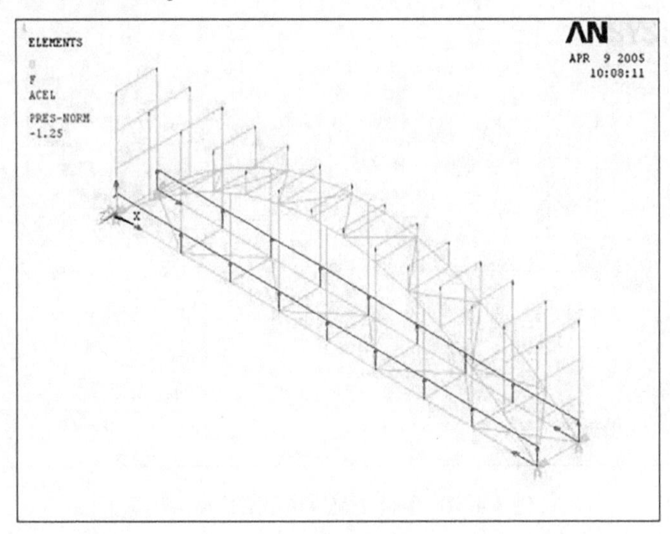

图 1-4-65 组合 2 有限元模型图

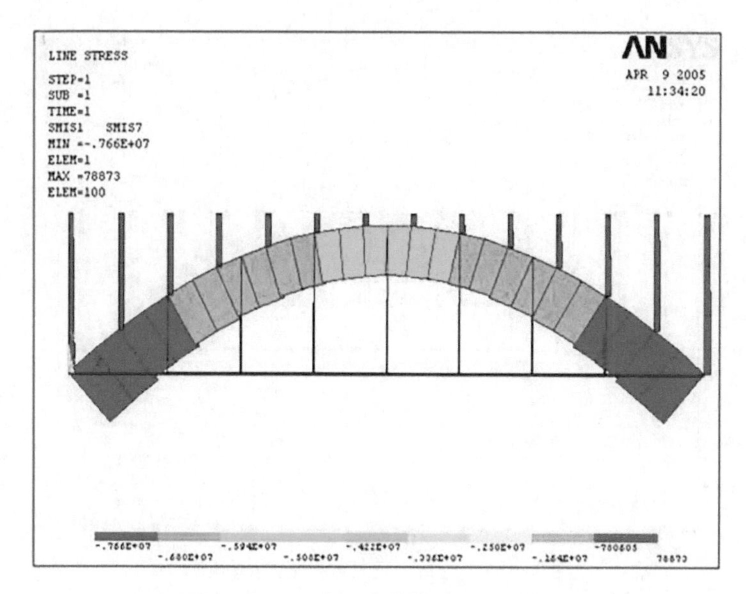

图 1-4-66 组合 2 前片拱平面内轴力图

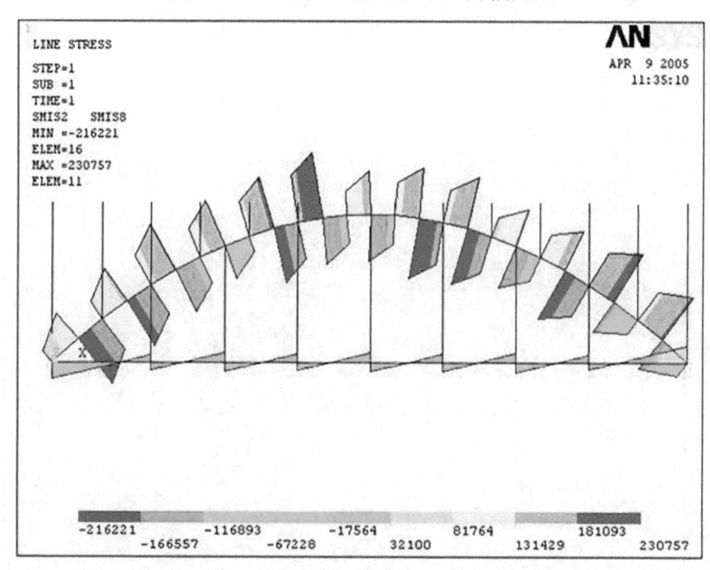

图 1-4-67 组合 2 前片拱平面内剪力图

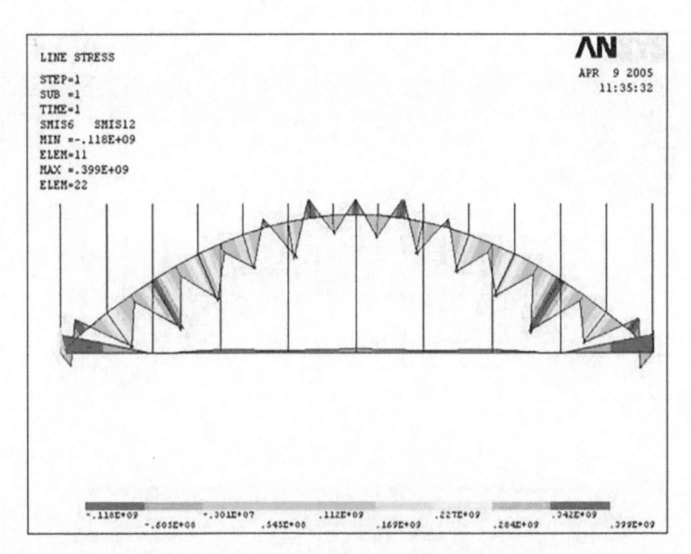

图 1-4-68 组合 2 前片拱平面内弯矩图

4.3.8.3 组合 3

正常运用:工况 3+工况 5(预应力按有利荷载考虑),有限元分析结果简图见图 1-4-69~图 1-4-87。

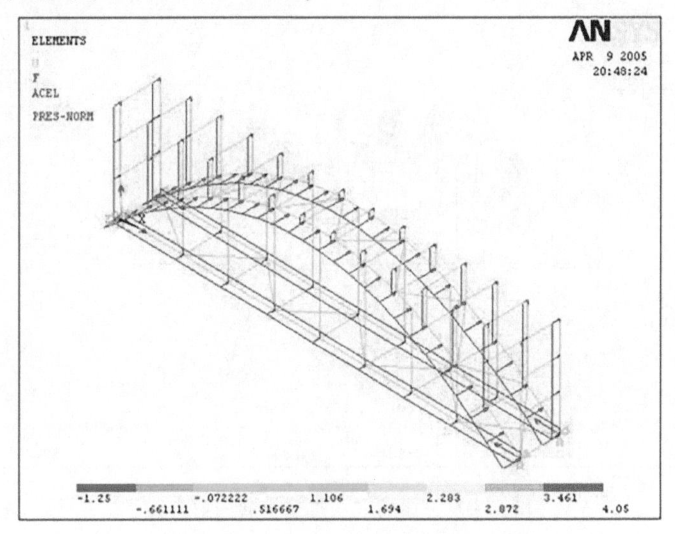

图 1-4-69 组合 3 有限元模型图

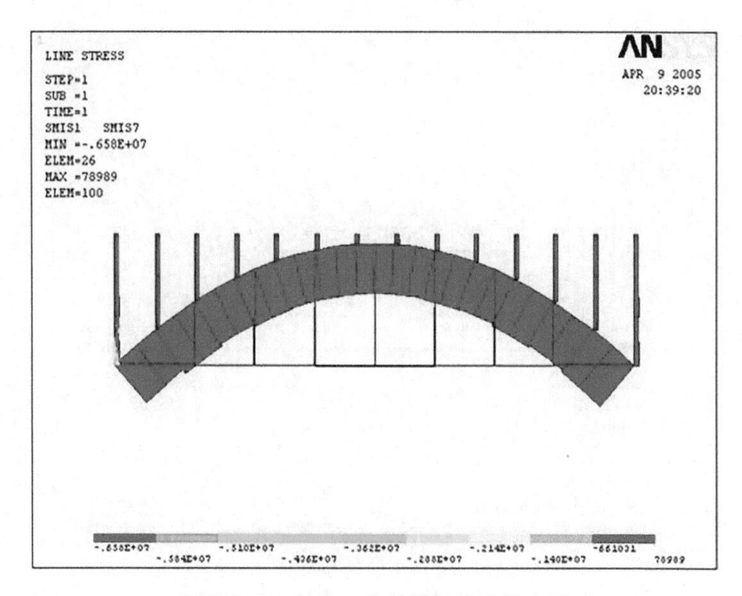

图 1-4-70 组合 3 前片拱平面内轴力图

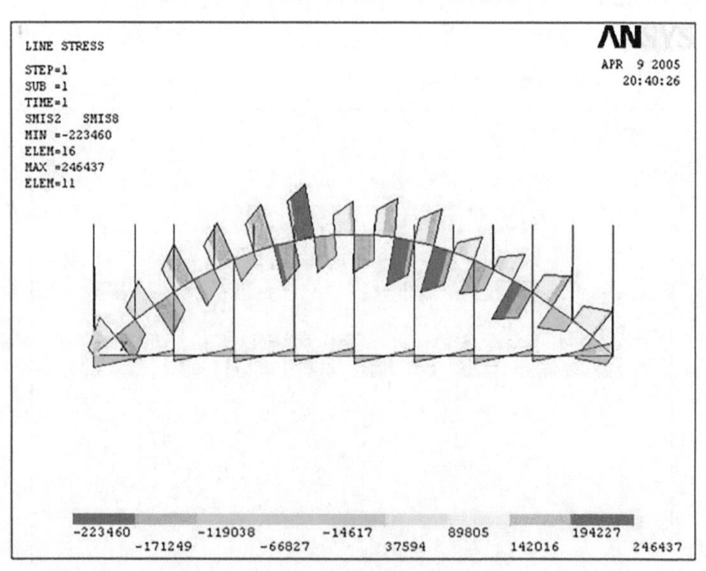

图 1-4-71 组合 3 前片拱平面内剪力图

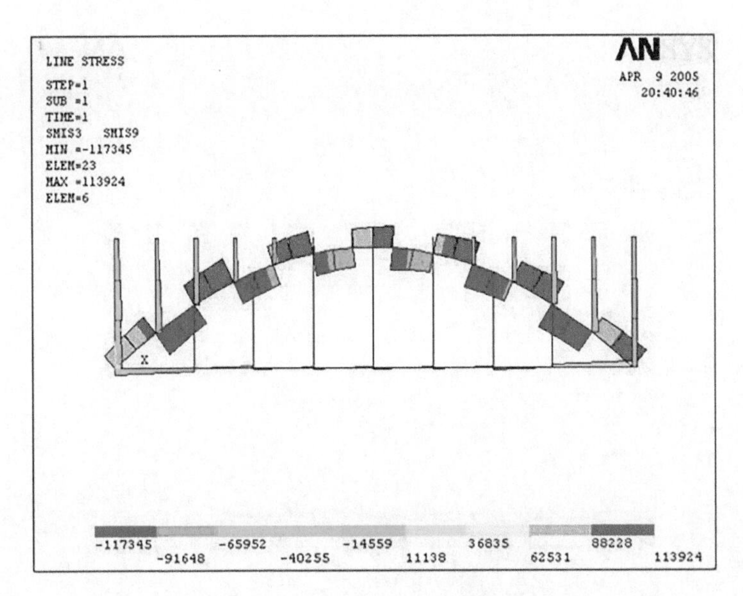

图1-4-72 组合3前片拱平面外剪力图

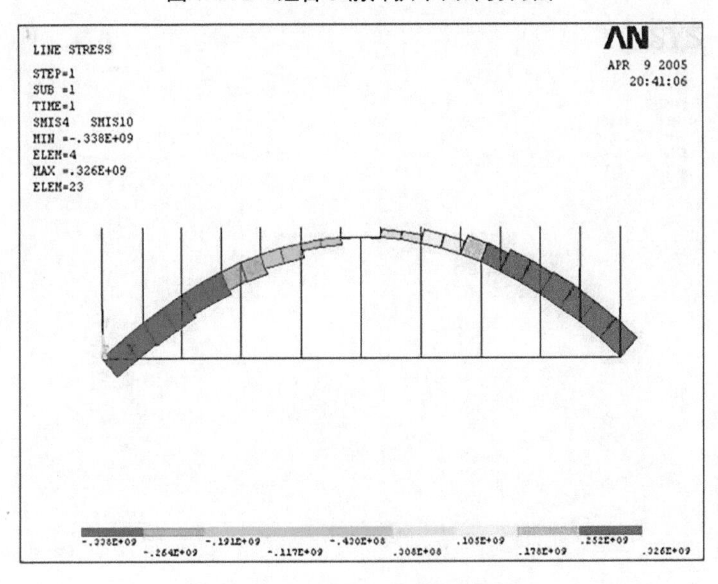

图1-4-73 组合3前片拱扭矩图

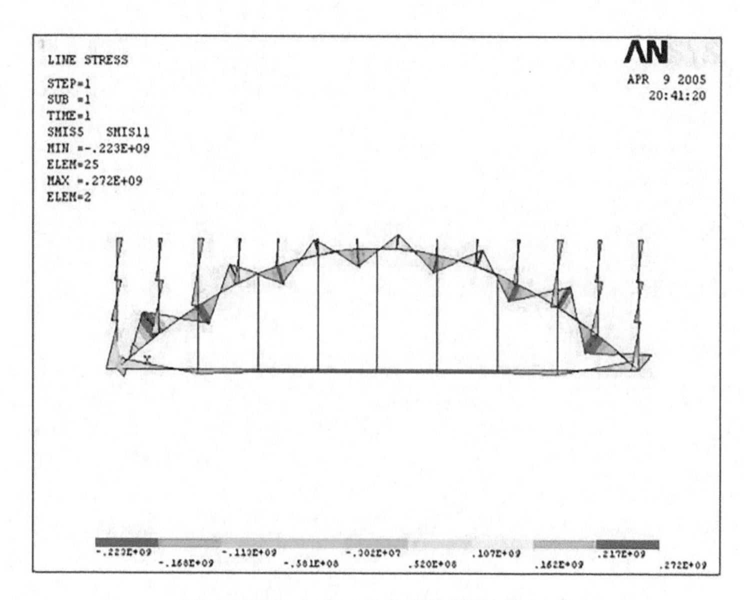

图 1-4-74　组合 3 前片拱平面外弯矩图

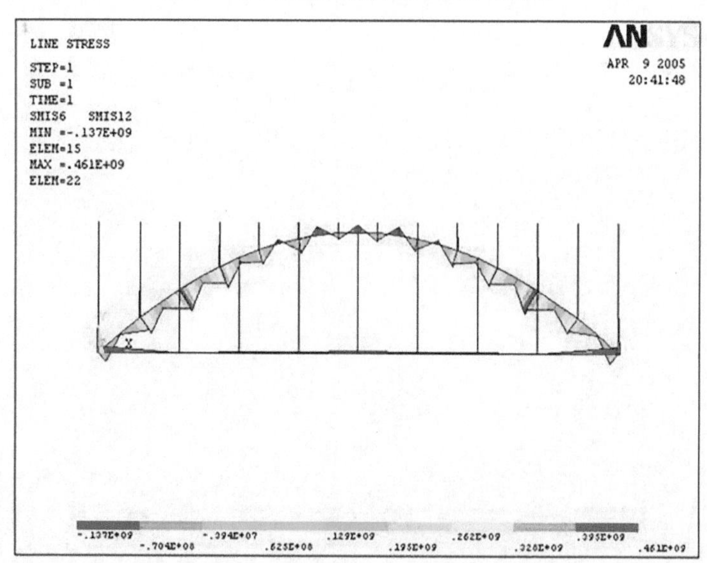

图 1-4-75　组合 3 前片拱平面内弯矩图

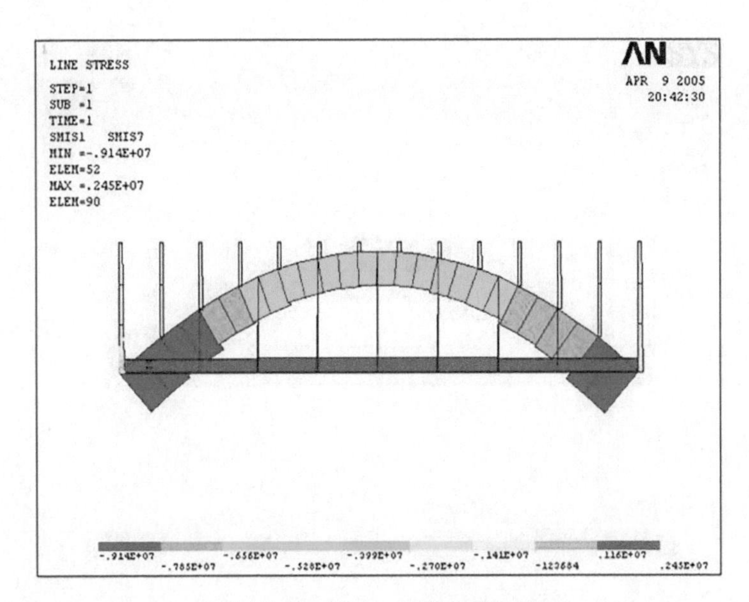

图 1-4-76 组合 3 后片拱轴力图

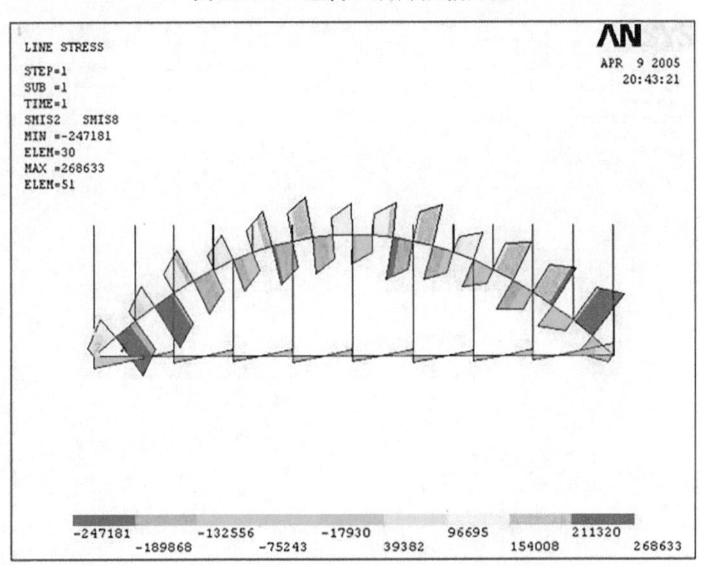

图 1-4-77 组合 3 后片拱平面内剪力图

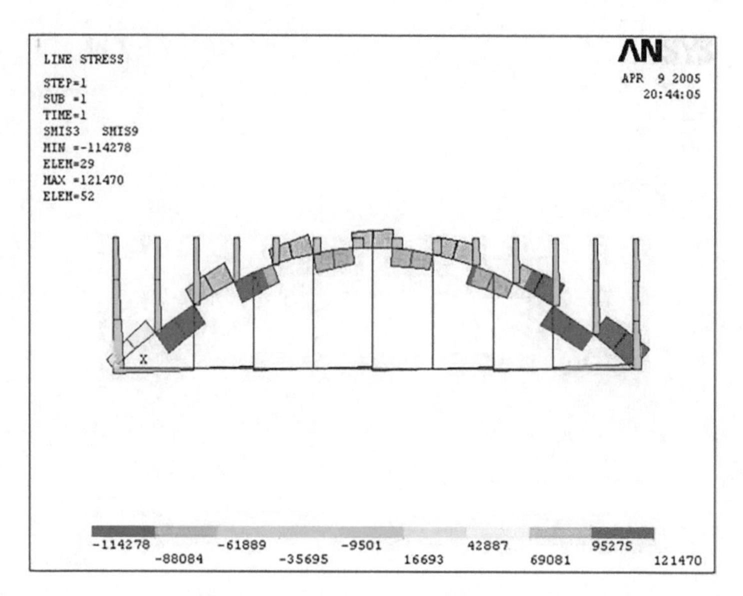

图 1-4-78　组合 3 后片拱平面外剪力图

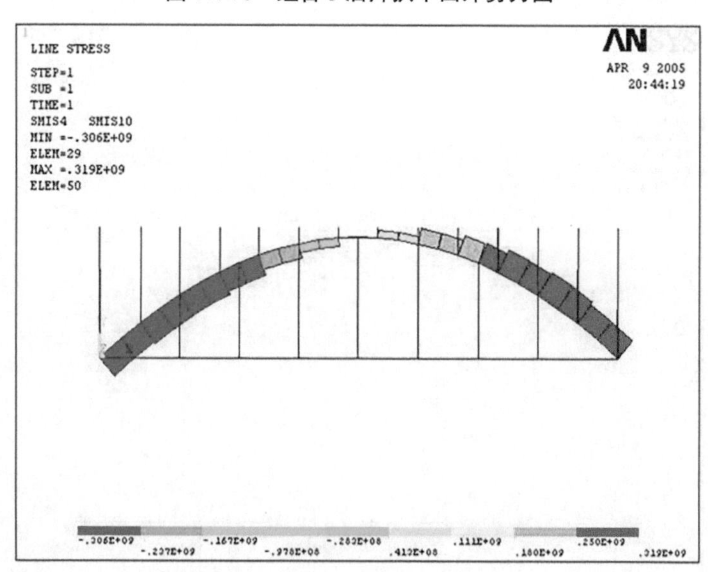

图 1-4-79　组合 3 后片拱扭矩图

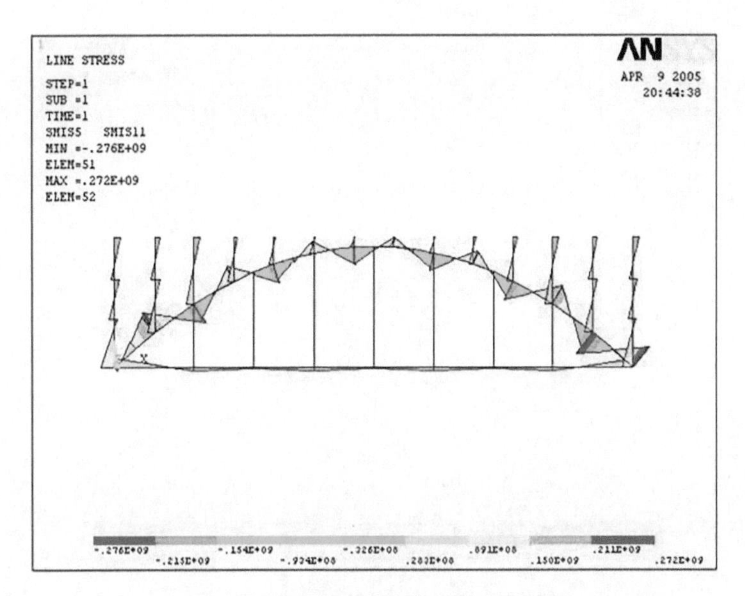

图 1-4-80 组合 3 后片拱平面外弯矩图

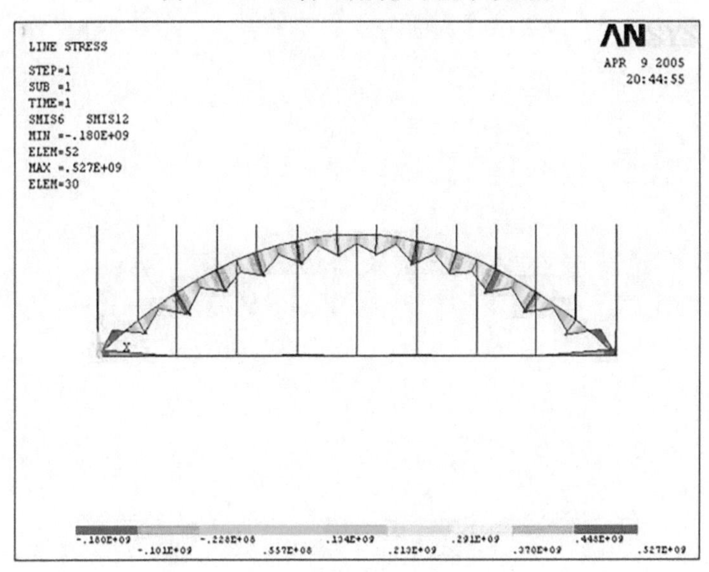

图 1-4-81 组合 3 后片拱平面内弯矩图

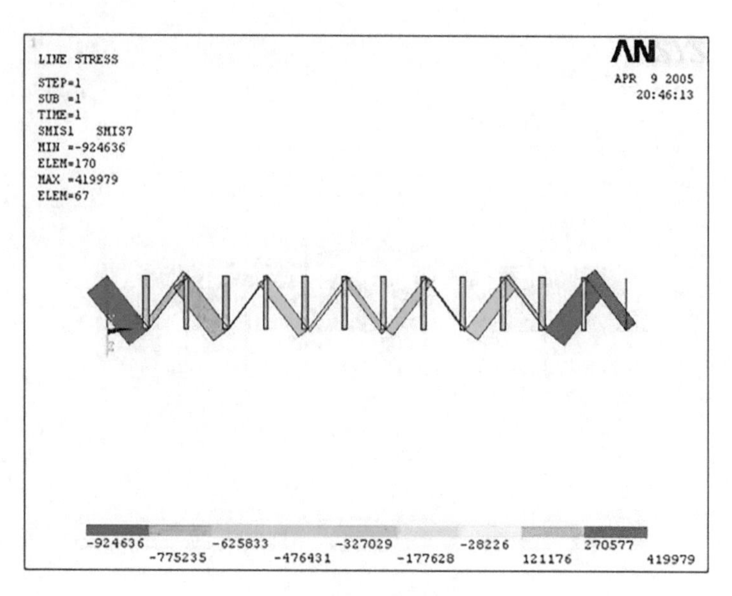

图 1-4-82　组合 3 拱斜支承轴力图

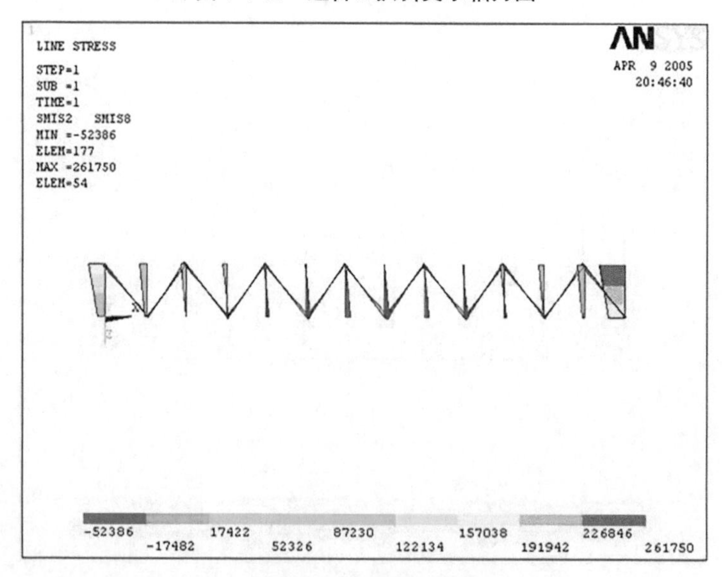

图 1-4-83　组合 3 拱斜支承剪力图 1

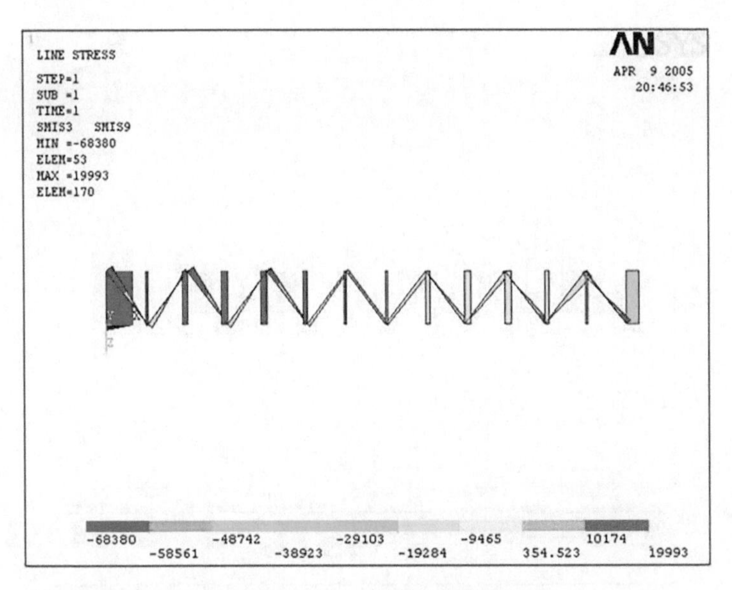

图 1-4-84 组合 3 拱斜支承剪力图 2

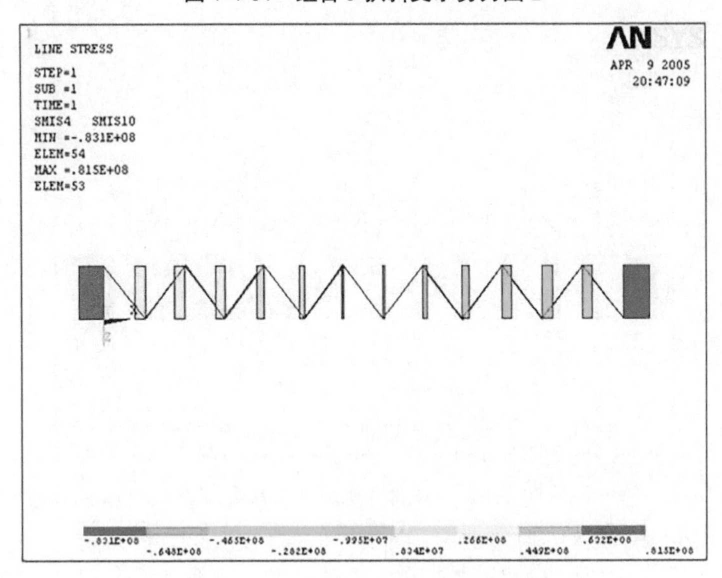

图 1-4-85 组合 3 拱斜支承扭矩图

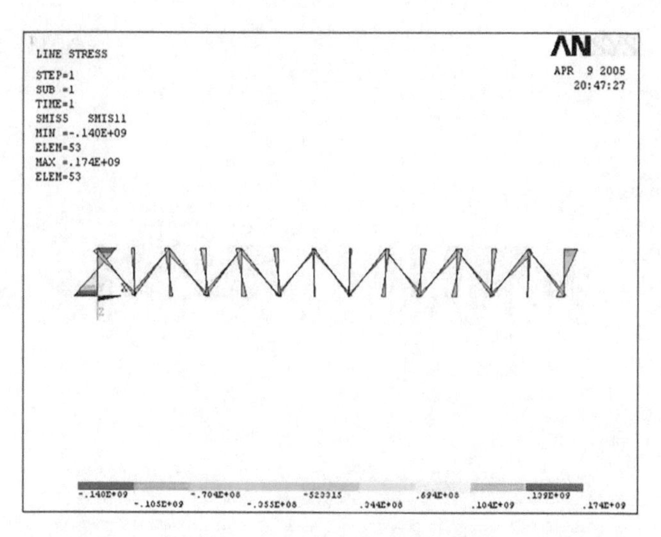

图 1-4-86　组合 3 拱斜支承弯矩图 1

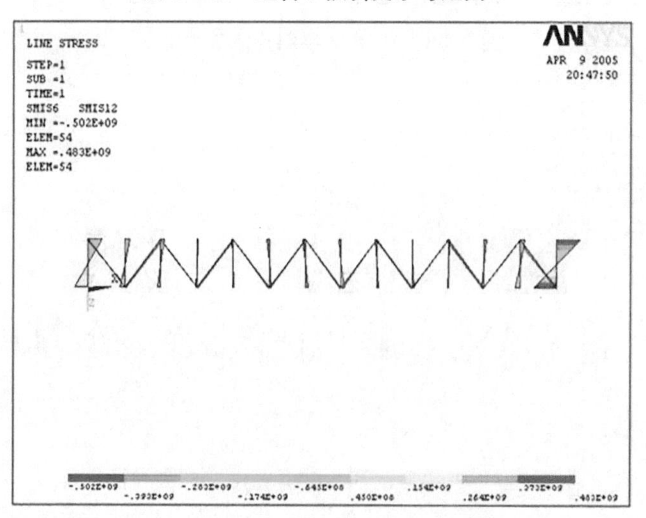

图 1-4-87　组合 3 拱斜支承弯矩图 2

4.3.8.4　组合 4

工况 3+工况 5(预应力按不利荷载考虑),有限元分析结果简图见图 1-4-88~图 1-4-106。

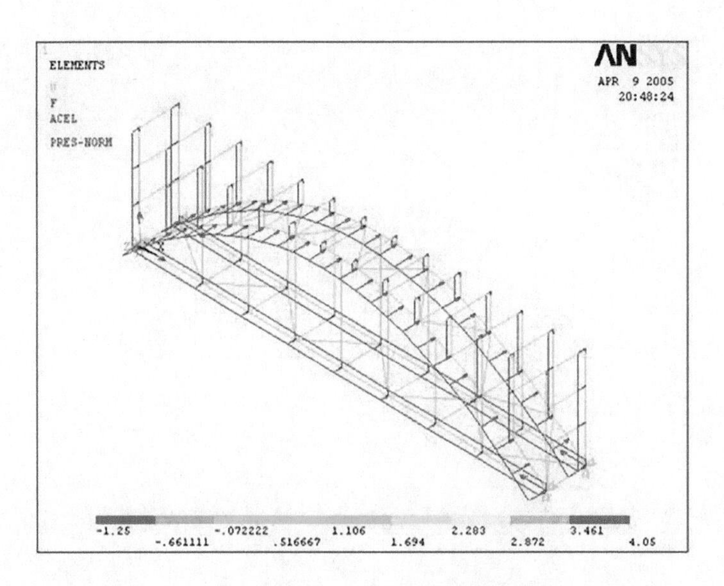

图 1-4-88 组合 4 有限元模型图

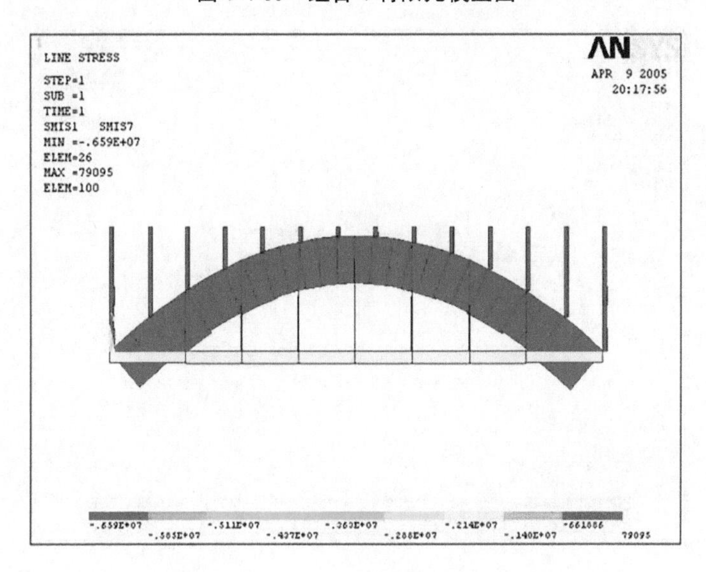

图 1-4-89 组合 4 前片拱平面内轴力图

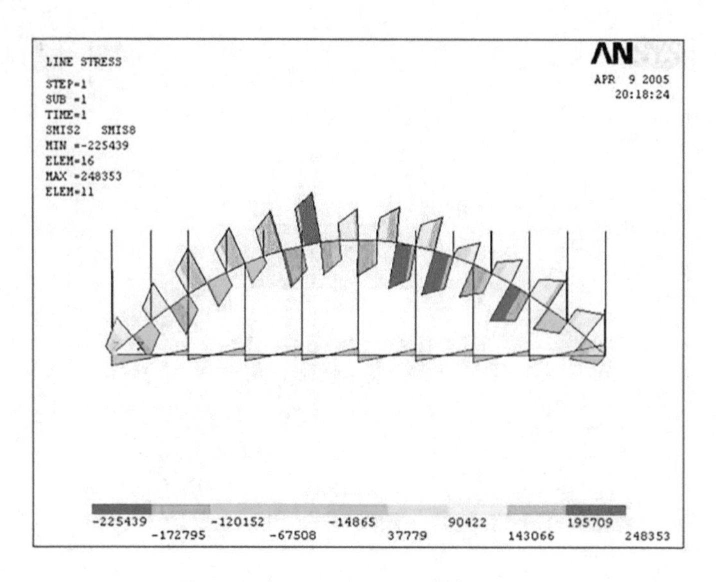

图 1-4-90 组合 4 前片拱平面内剪力图

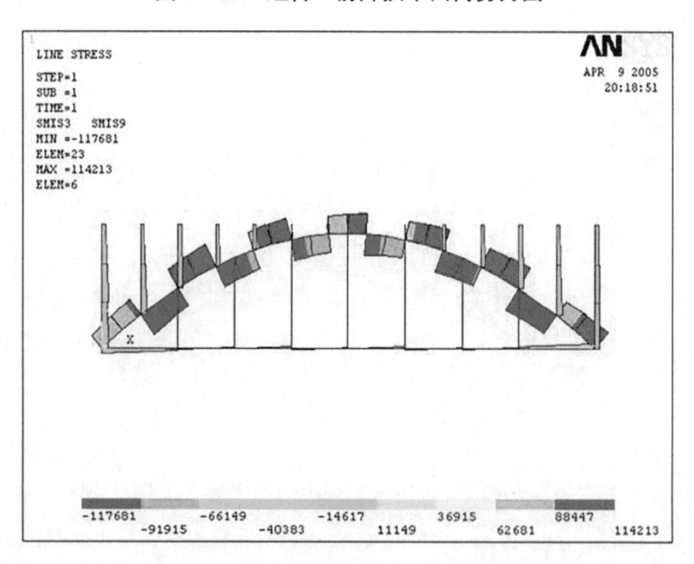

图 1-4-91 组合 4 前片拱平面外剪力图

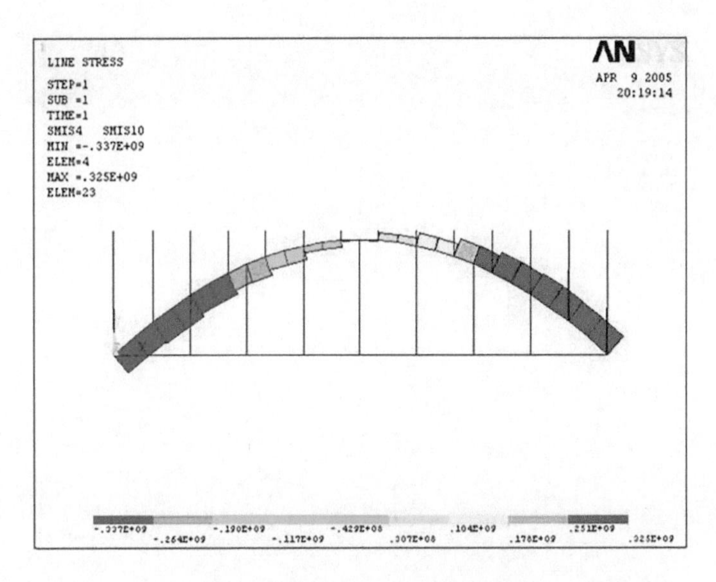

图 1-4-92 组合 4 前片拱扭矩图

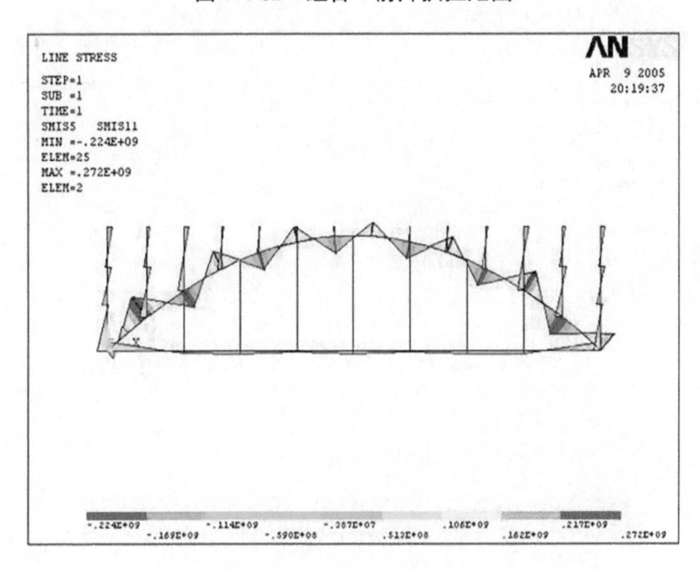

图 1-4-93 组合 4 前片拱平面外弯矩图

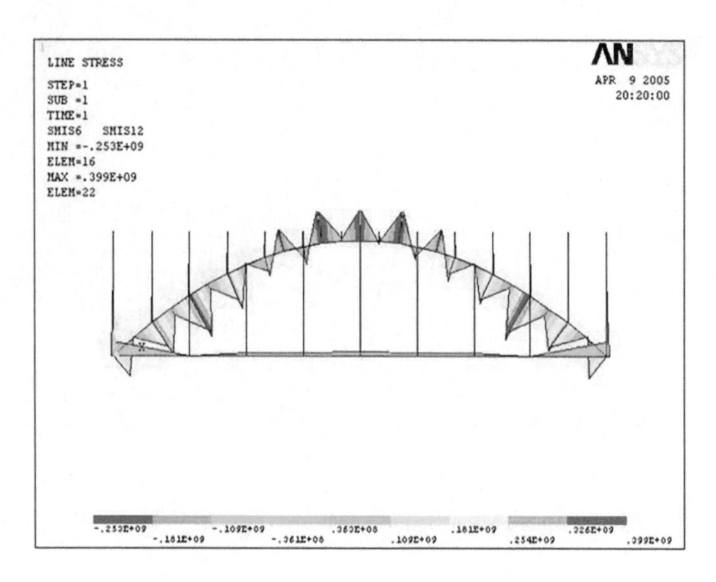

图 1-4-94　组合 4 前片拱平面内弯矩图

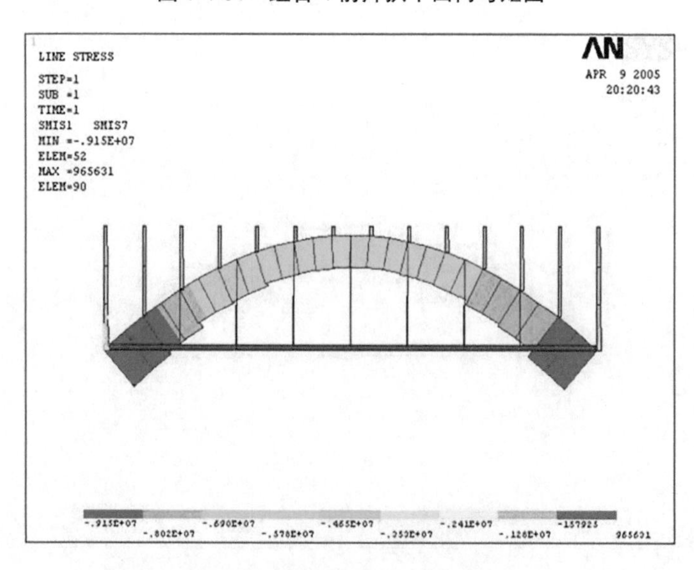

图 1-4-95　组合 4 后片拱轴力图

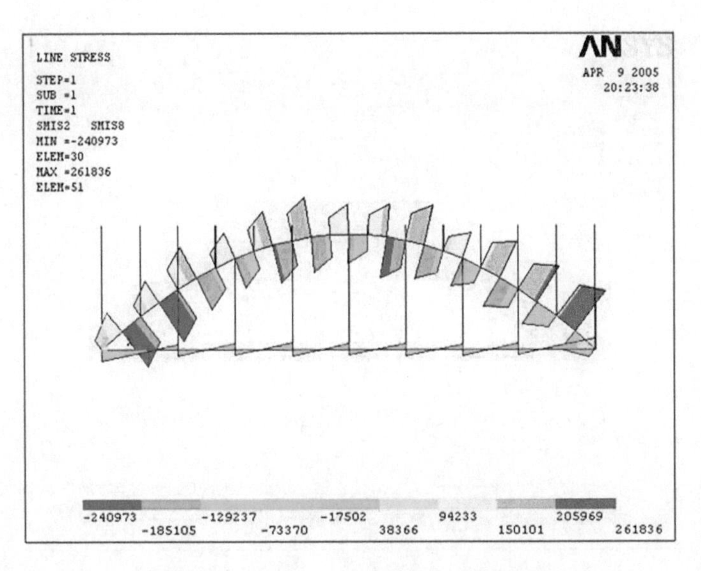

图 1-4-96 组合 4 后片拱平面内剪力图

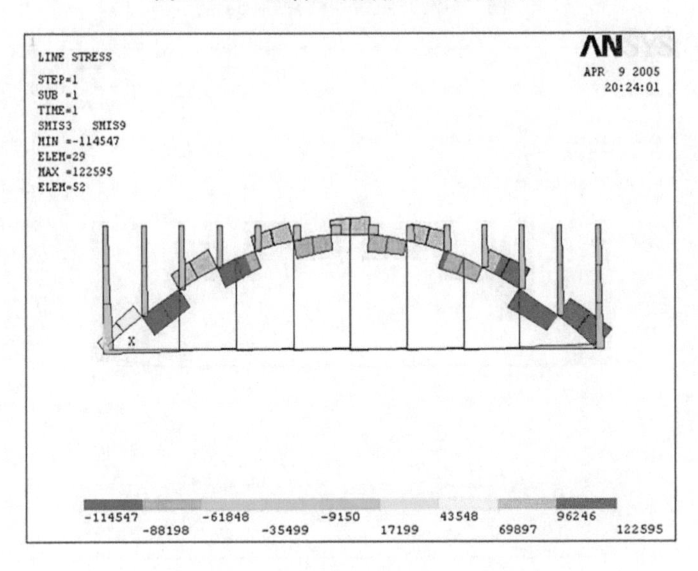

图 1-4-97 组合 4 后片拱平面外剪力图

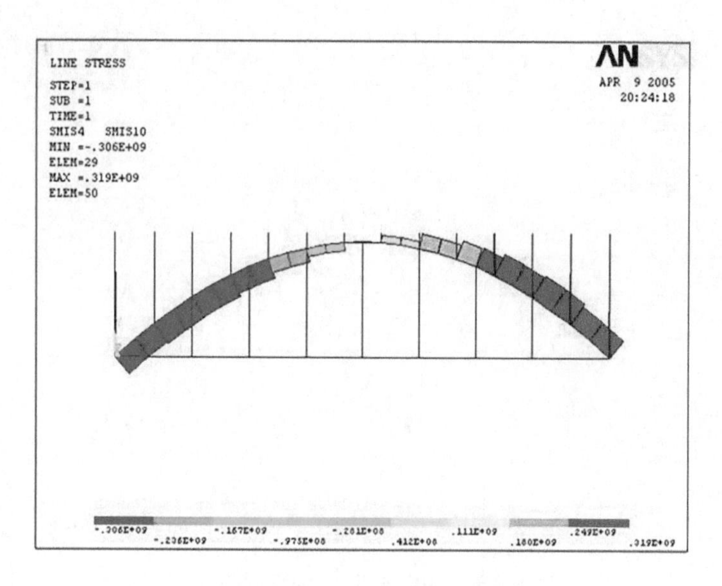

图 1-4-98　组合 4 后片拱扭矩图

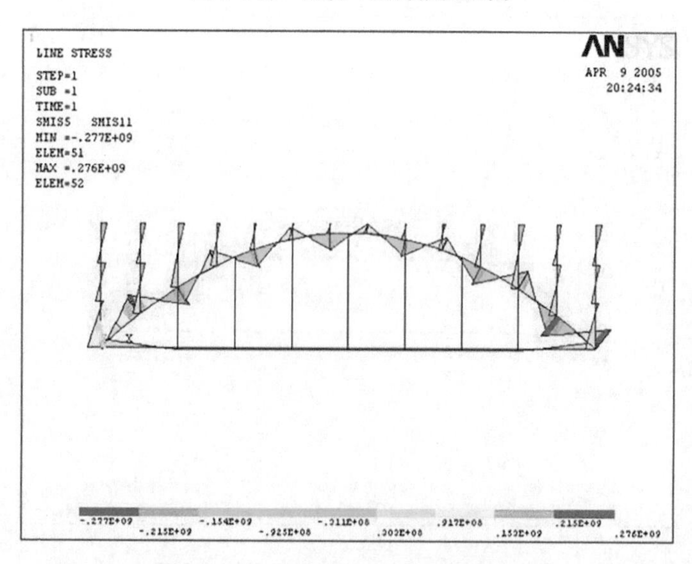

图 1-4-99　组合 4 后片拱平面外弯矩图

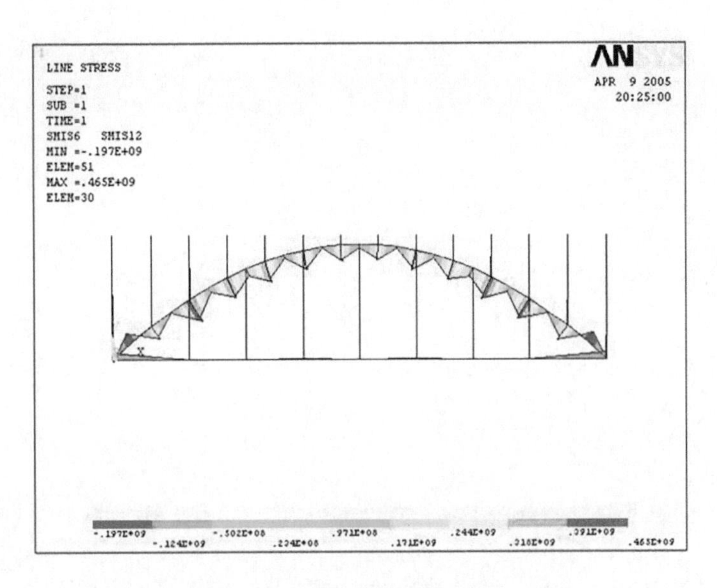

图 1-4-100 组合 4 后片拱平面内弯矩图

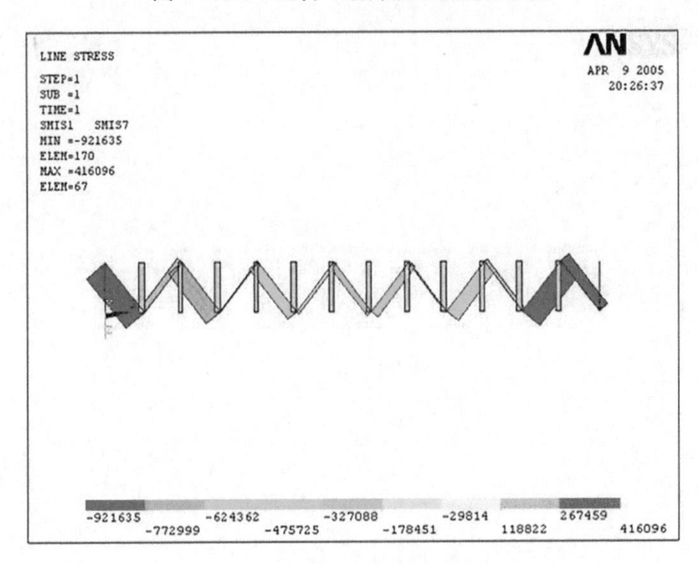

图 1-4-101 组合 4 拱斜支承轴力图

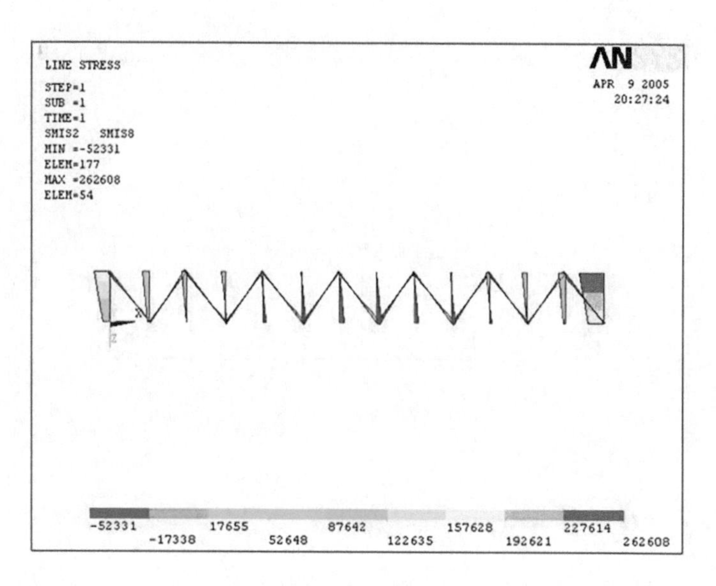

图 1-4-102　组合 4 拱斜支承剪力图 1

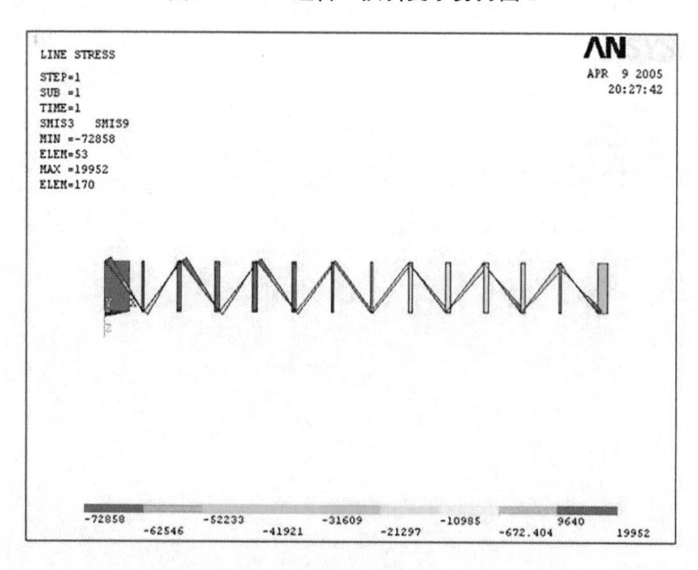

图 1-4-103　组合 4 拱斜支承剪力图 2

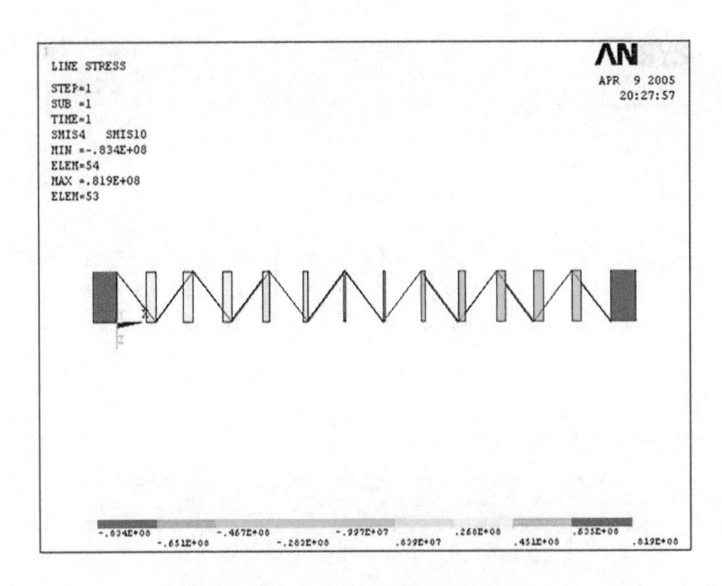

图 1-4-104 组合 4 拱斜支承扭矩图

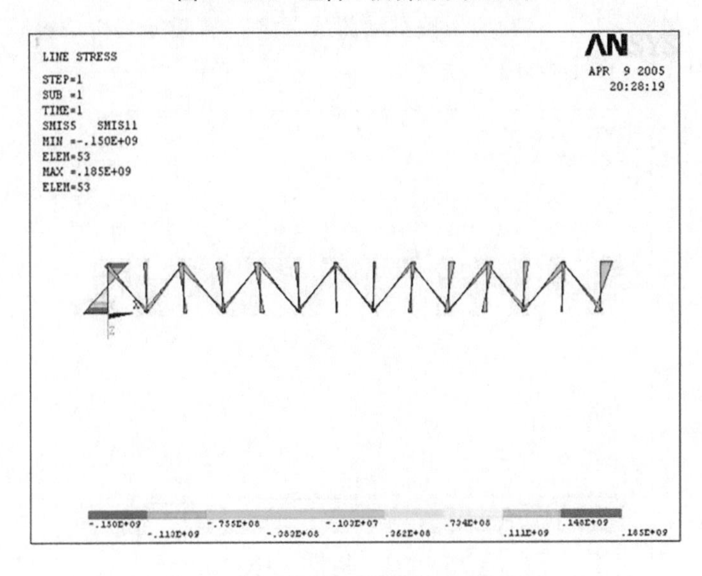

图 1-4-105 组合 4 拱斜支承弯矩图 1

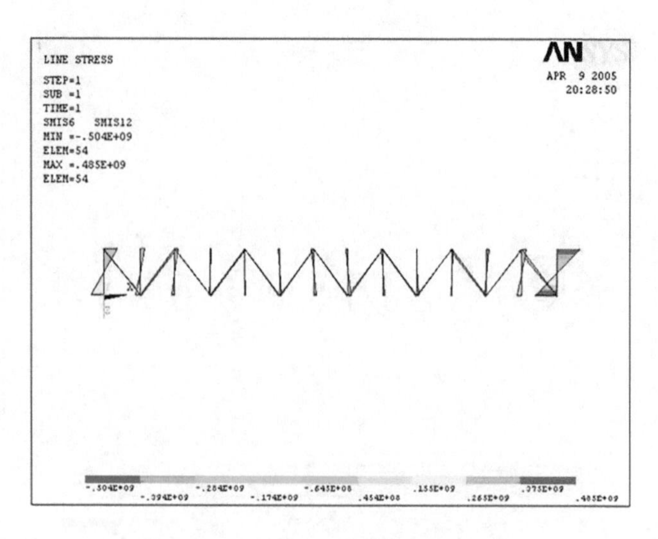

图 1-4-106　组合 4 拱斜支承弯矩图 2

4.3.8.5　组合 5

工况 3+工况 5(预应力按有利荷载考虑),有限元分析结果简图见图 1-4-107~图 1-4-110。

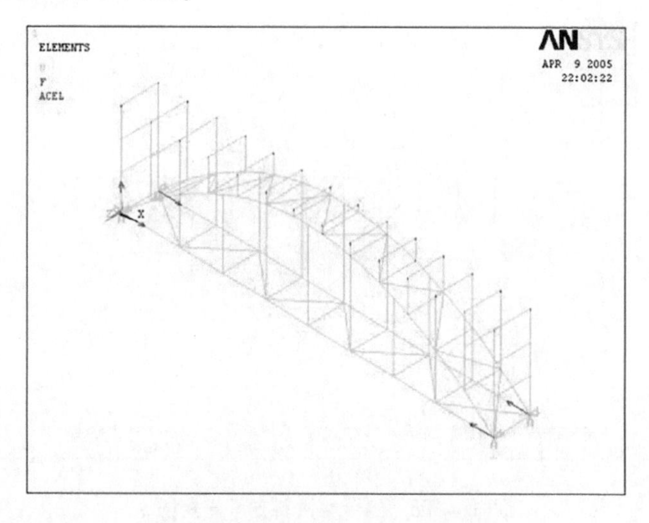

图 1-4-107　组合 5 有限元模型图

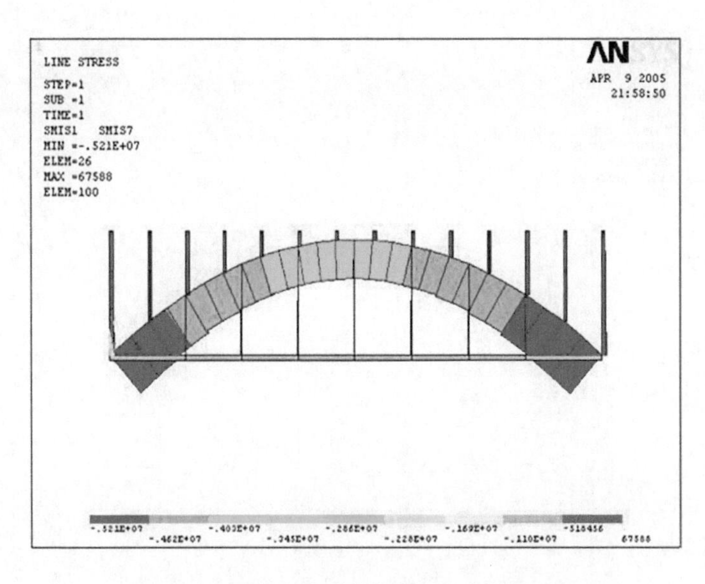

图 1-4-108 组合 5 前片拱平面内轴力图

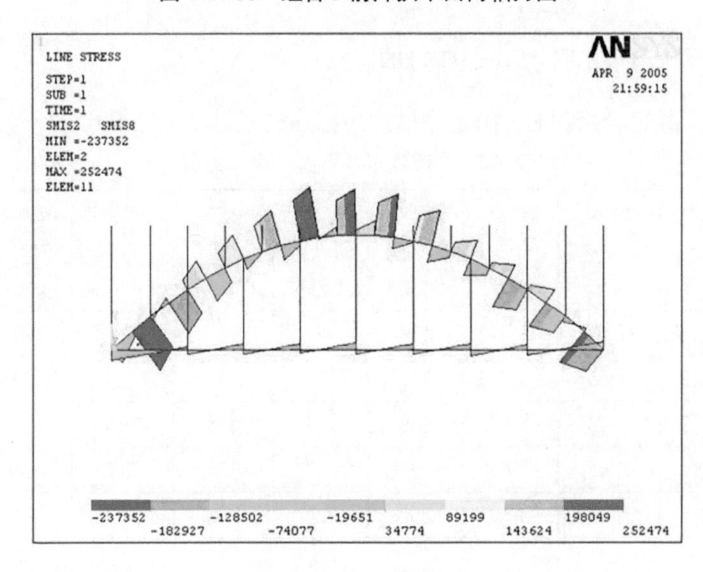

图 1-4-109 组合 5 前片拱平面内剪力图

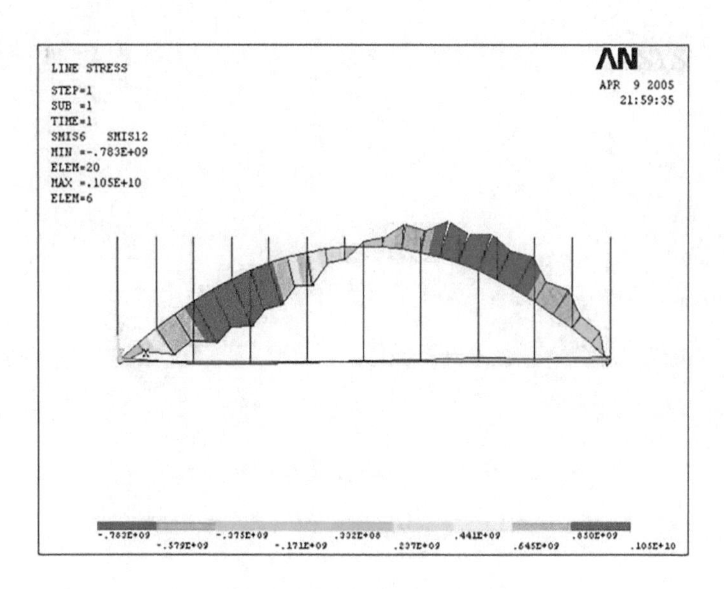

图 1-4-110 组合 5 前片弯矩图

4.3.9 杆拱结构最大内力值

荷载组合后拉杆拱拱结构最大内力值(设计值)见表 1-4-3。

表 1-4-3 荷载组合下拱最大内力值

组合	最大轴力/kN	最小轴力/kN	最大平面内剪力/kN	最大平面外剪力/kN	最大扭矩/(kN·m)	最大平面外弯矩/(kN·m)	最大平面内弯矩/(kN·m)
组合 1	-7 645	-5 822	229				462
组合 2	-7 556	-5 833	231				399
组合 3	-9 139	-5 636	268	117	338	276	567
组合 4	-9 656	-5 648	263	117	337	277	504
组合 5	-5 162	-3 891	252	65	51	189	1 054

最大轴力:-9 656 kN;最小轴力:-3 891 kN;最大平面内剪力:268 kN;最大平面外剪力:117 kN;最大扭矩:338 kN·m;最大平面外弯矩:

277 kN · m;最大平面内弯矩:1 054 kN · m。

4.3.10 主拱配筋计算

为便于计算及配筋,在组合中采用拱体中不同截面的最大轴力、弯矩(因为拱体为小偏压构件,轴力、弯矩越大越不安全)、剪力、扭矩进行组合,作为配筋计算的依据。

4.3.10.1 偏压构件正截面配筋计算

1. 组合 3

(1)最大轴力:

$$\sigma_{pc} = \frac{9\ 139\ 000}{1\ 400 \times 800} \pm \frac{567 \times 10^6}{\frac{1}{6} \times 800 \times 1\ 400^2}$$

$$= \begin{matrix} 10.33(\mathrm{N/mm^2}) \\ 5.99(\mathrm{N/mm^2}) \end{matrix} < 23.1\ \mathrm{N/mm^2}$$

(2)最小轴力:

$$\sigma_{pc} = \frac{5\ 636\ 000}{1\ 400 \times 800} \pm \frac{567 \times 10^6}{\frac{1}{6} \times 800 \times 1\ 400^2}$$

$$= \begin{matrix} 7.20(\mathrm{N/mm^2}) \\ 2.86(\mathrm{N/mm^2}) \end{matrix} < 23.1\ \mathrm{N/mm^2}$$

2. 组合 5

(1)最大轴力:

$$\sigma_{pc} = \frac{5\ 162\ 000}{1\ 400 \times 800} \pm \frac{1\ 054 \times 10^6}{\frac{1}{6} \times 800 \times 1\ 400^2}$$

$$= \begin{matrix} 8.64(\mathrm{N/mm^2}) \\ 0.58(\mathrm{N/mm^2}) \end{matrix} < 23.1\ \mathrm{N/mm^2}$$

(2)最小轴力:

$$\sigma_{pc} = \frac{3\ 891\ 000}{1\ 400 \times 800} \pm \frac{1\ 054 \times 10^6}{\frac{1}{6} \times 800 \times 1\ 400^2} =$$

$$7.51(\mathrm{N/mm^2})(压) < 23.1\ \mathrm{N/mm^2}$$

$$0.56(\mathrm{N/mm^2})(拉) < 1.89\ \mathrm{N/mm^2}$$

仅需构造配筋。

4.3.10.2 受扭构件配筋计算

$0.35f_t bh_0 = 0.35 \times 1.89 \times 800 \times 1\ 340 = 709\ 128(\mathrm{N}) > 268\ 000\ \mathrm{N}$

因为平面内外剪力较小,仅考虑受扭计算。

取受扭构件纵向钢筋与箍筋的配筋强度比 $\xi = 1.5$,

即
$$\xi = \frac{f_y A_{stl} s}{f_{yv} A_{st1} U_{cor}} = 1.5$$

式中 A_{st}——沿截面周边对称布置的全面抗扭纵向钢筋截面面积;

A_{stl}——沿截面周边所配置箍筋的单肢截面面积;

U_{cor}——截面核心部分的周长。

箍筋取Φ 12@100,则

$$A_{stl} = \frac{1.5A_{st1}U_{cor}}{s} = \frac{1.5 \times 113.1 \times (740 + 1\ 340) \times 2}{100} = 7\ 057(\mathrm{mm^2})$$

取 15 Φ 25 ,$A_s = 7\ 635\ \mathrm{mm^2} > 7\ 057\ \mathrm{mm^2}$。

$$0.35f_t W_t + 1.2\sqrt{\xi} f_{yv} \frac{A_{st1}A_{cor}}{s}$$

$$= 0.35 \times 1.89 \times \frac{800^2}{6} \times (3 \times 1\ 400 - 800) + 1.2\sqrt{1.5} \times 300 \times \frac{113.1 \times 740 \times 1\ 340}{100}$$

$$= 240 \times 10^6 + 495 \times 10^6$$

$$= 735 \times 10^6(\mathrm{N \cdot mm^2}) > 338 \times 10^6\ \mathrm{N \cdot mm^2}$$

故受扭承载力验算满足要求。

4.3.11 拉杆拱正常使用挠度验算

各工况下拱圈最大竖向挠度及拱脚水平位移计算成果见表1-4-4。

表1-4-4 各工况下拱圈最大竖向挠度及拱脚水平位移 单位:mm

项目	工况1（拱、排架）	工况2（空槽）	工况3（设计水位）	工况4（满槽水深）	工况5（风荷载）	工况6（地震2）	工况7（收缩与徐变）
x位移	-11.18	-6.88	-2.71	-0.83	-2.78	13.92	-7.049 9
y位移（挠度）	8.19	2.58	-2.87	-5.31	-2.88	-8.80	-1.695 6
z位移					-14.34		

拱的挠度计算值远小于规范允许值$l/500$,故拱的挠度满足要求。

4.3.12 预应力拉杆验算

4.3.12.1 拉杆内力值

各工况下拱拉杆内力计算成果见表1-4-5。

表1-4-5 各工况下拱拉杆内力计算成果

项目	工况1	工况2	工况3	工况4	工况5（风荷载）	工况6（地震2）
前拉杆轴力/kN	-2 750	-1 951	-770	-241	-725	216
后拉杆轴力/kN	-2 750	-1 951	-770	-241	727	216
最大弯矩/(kN·m)	65	76	83	87		

因为拉杆最大弯矩在拉杆两端,考虑杆端截面面积增大,杆端弯矩调幅50%,且不小于跨中最大弯矩。在拉杆抗裂验算时,弯矩取44 kN·m。

4.3.12.2 **拉杆抗裂验算**

1. 工况1(预应力筋张拉)

拉杆混凝土压应力：

$$\sigma_c = \frac{2\ 750 \times 10^3}{3.35 \times 10^5} \pm \frac{44 \times 10^6}{\frac{1}{6} \times 600 \times 600^2}$$

$$= \begin{matrix} 9.43(\mathrm{N/mm^2}) \\ 6.99(\mathrm{N/mm^2}) \end{matrix} < 0.8f'_{ck} = 25.92(\mathrm{N/mm^2})$$

满足设计要求。

2. 工况3(设计水深)+工况5(风荷载)

后拉杆混凝土压应力：

$$\sigma_c = \frac{(770 - 727) \times 10^3}{3.86 \times 10^5} \pm \frac{44 \times 10^6}{\frac{1}{6} \times 600 \times 600^2}$$

$$= \begin{matrix} 1.33(\mathrm{N/mm^2})(压) < 0.8f'_{ck} = 25.92\ \mathrm{N/mm^2} \\ 1.11(\mathrm{N/mm^2})(拉) < 2.64\ \mathrm{N/mm^2} \end{matrix}$$

满足设计要求。

3. 工况4(满槽水深)

作为一种运行非正常工况，不与风荷载组合。

拉杆混凝土压应力：

$$\sigma_c = \frac{241 \times 10^3}{3.86 \times 10^5} \pm \frac{44 \times 10^6}{\frac{1}{6} \times 600 \times 600^2}$$

$$= \begin{matrix} 1.84\ (\mathrm{N/mm^2})(压) < 0.8f'_{ck} = 25.92\ \mathrm{N/mm^2} \\ 0.60(\mathrm{N/mm^2})(拉) < 2.64\ \mathrm{N/mm^2} \end{matrix}$$

满足设计要求。

4.3.12.3 **拉杆承载力计算**

拉杆最大拉力取特殊工况：预应力等效荷载为0，拉杆拉力完全由拉杆中所配普通钢筋和钢绞线承担。特殊工况拉杆最大轴力为5 838 kN。

满足设计要求。

4.3.12.4 拉杆预应力张拉稳定验算

方法一:根据《钢结构设计规范》(GB 50017—2003)中双肢结构柱计算。

换算长细比: $\lambda_{0y} = \sqrt{\lambda_y^2 + 27A_0/A_{1y}}$

偏于安全,取 $\lambda_{0y} = \lambda_y \approx \dfrac{l_0}{i} = \dfrac{47\ 000}{\sqrt{\dfrac{600 \times 600 \times 2\ 300^2 \times 2}{600 \times 600 \times 2}}} = 20.4$

$\varphi_l = 1 - 0.057\ 5\sqrt{\lambda_0 - 16} = 0.88$

每根拉杆的承载能力: 满足设计要求。

方法二:根据《混凝土结构设计规范》(GB 50010—2002)中轴心受压构件公式(7.3.1)计算。

考虑拉杆间设有支承的作用,拉杆计算长度 $l_0 = 0.5l = 0.5 \times 47\ 000 = 23\ 500(\text{mm})$, $l_0/b = 23\ 500/600 = 40$。

查《钢结构设计规范》(GB 50017—2003)表 7.3.1 得: $\varphi = 0.32$。

$$N_u = 0.9 \times 0.32 \times (335\ 000 \times 23.1 + 24 \times 616 \times 360)$$
$$= 3\ 761\ 493(\text{N}) > 2\ 750\ 000\ \text{N}$$

满足设计要求。

方法三:由欧拉公式得

$$N_{cr} = \frac{\pi^2 EI}{l^2} = \frac{3.14^2 \times 3.45 \times 10^4 \times 8.83 \times 10^9}{(0.5 \times 47\ 000)^2}$$
$$= 5\ 438\ 804(\text{N}) > 2\ 750\ 000\ \text{N}$$

考虑钢筋的作用,满足设计要求。

4.3.13 吊杆计算

吊杆最大轴力:78 kN;

吊杆的截面惯性矩 $I = \dfrac{\pi(120^4 - 100^4)}{64}$;

吊杆的截面面积: $A = 3\ 454\ \text{mm}^2$;

吊杆的截面回转半径：$i=\sqrt{\frac{I}{A}}=39\ \text{mm}$；

$\lambda=\frac{l_0}{i}=245<300$，满足构造要求。

吊杆的极限承载力：$N_u=3\ 454\times215=742\ 610(\text{N})>78\ 000\ \text{N}$

4.3.14　预应力拉杆间斜承计算

拱拉杆间斜承最大轴力：87 kN；

斜承的截面惯性矩 $I=\frac{\pi(150^4-130^4)}{64}$；

斜承的截面面积：$A=4\ 396\ \text{mm}^2$；

斜承的截面回转半径：$i=\sqrt{\frac{I}{A}}=50\ \text{mm}$；

$\lambda=\frac{l_0}{i}=\frac{8\ 100}{50}=162$，查表得：$\varphi=0.22$，

斜承抗压极限承载力：$N_u=4\ 396\times0.22\times215=207\ 931(\text{N})>87\ 000\ \text{N}$

注：斜承有限元计算采用的钢管为 D100 mm，壁厚 10 mm，实际采用钢管为 D150 mm，壁厚 10 mm。

4.3.15　在地震、风荷载作用下拉杆拱的整体稳定性验算

4.3.15.1　横向稳定验算

各工况下支座最大反力计算成果见表 1-4-6。

表 1-4-6　各工况下支座反力　　单位：kN

项目	工况 1		工况 2		工况 3		工况 4		工况 5		工况 6	
	F_y	F_z	F_y	F_z	F_y	F_z	F_y	F_z	F_y	F_z	F_y	F_x
节点 1	1 531		2 721		3 875		4 393		−820	56	38	437
节点 27	1 533		2 724		3 879		4 398		−820	352	−38	

续表 1-4-6

项目	工况 1		工况 2		工况 3		工况 4		工况 5		工况 6	
	F_y	F_z	F_y	F_z	F_y	F_z	F_y	F_z	F_y	F_z	F_y	F_x
节点 28	1 533		2 724		3 879		4 398		−820	352	143	
节点 54	1 531		2 721		3 875		4 393		−820	80	−143	
合计	6 128		10 890		15 508		17 582		−3 280	840	0	

由表 1-4-6 可知：在风荷载作用下支座最大拉力为−820 kN；在拱、排架和渡槽自重作用下(完建工况)，每个支座支承力为 2 721 kN，2 721/820=3.3，稳定满足要求。

4.3.15.2 纵向稳定验算

拱计算长度：

$$l_0 = \alpha s = 0.54 \times 55 = 30(\mathrm{m})$$

$$l_0/b = 30/1.4 = 21.4, \varphi = 0.71$$

$$\frac{N}{\varphi A} = 12.14\ \mathrm{N/mm^2} < 23.1\ \mathrm{N/mm^2}$$

故纵向稳定满足要求。

4.3.16 拱支承内力及配筋计算

4.3.16.1 横梁 53、横梁 54

各组合下的最大内力：

弯矩：502 kN · m；

剪力：262 kN；

扭矩：83 kN · m；

$$\frac{V}{bh_0} + \frac{T}{W_t} = \frac{262\ 000}{800 \times 760} + \frac{83 \times 10^6}{\frac{800^3}{3}}$$

$$= 0.92(\mathrm{N/mm^2}) < 0.7f_t = 1.32\ \mathrm{N/mm^2}$$

仅需构造配置剪扭钢筋。

受弯配筋：

$$A_s = \frac{502 \times 10^6}{300 \times 730} = 2\ 292(\mathrm{mm}^2)$$

取 4 Φ 25 ，A_s = 2 455 mm²。

4.3.16.2 **横梁 171 ~ 横梁 182**

各组合下的最大内力：

弯矩：109 kN · m；

剪力：52 kN；

扭矩：32 kN · m；

轴力：303 kN。

$$\frac{V}{bh_0} + \frac{T}{W_t} = \frac{52\ 000}{600 \times 560} + \frac{32 \times 10^6}{\frac{600^3}{3}}$$

$$= 0.6(\mathrm{N/mm^2}) < 0.7f_t = 1.32\ \mathrm{N/mm^2}$$

仅需构造配置剪扭钢筋。

拉弯配筋计算：

$$e = \frac{M}{N} = 359(\mathrm{mm})$$

$$A_s = \frac{303 \times 10^3 \times (359 + 260)}{300 \times 540} = 1\ 158(\mathrm{mm}^2)$$

取 4 Φ 25 ，A_s = 2 455 mm²。

4.3.16.3 **斜支承**

所有斜支承最大内力：

最大轴力：−927 kN，+451 kN；

最大剪力：42 kN；

最大扭矩：6 kN · m；

最大弯矩：75 kN · m。

配筋同横梁。

4.3.17 拉杆拱拱上排架内力及配筋计算

4.3.17.1 拉杆拱拱上排架横梁内力及配筋计算(地震1)

1.最大内力计算(设计值)

最大剪力:43 kN;

最大弯矩:77 kN·m。

2.配筋计算

单排受拉钢筋面积:$A_{s1}=732.0\ mm^2$;

最小受拉钢筋面积:$A_{smin}=410.5\ mm^2$。

顶底均选配4 Φ 20的钢筋。

4.3.17.2 拉杆拱拱上排架柱内力及配筋计算

1.最大内力计算(设计值)

最大轴力:661 kN;

最大剪力:27 kN;

最大扭矩:29 kN·m;

最大弯矩:77 kN·m。

2.配筋计算

全截面计算配筋面积:1 282.0 mm^2;

全截面最小构造钢筋面积:960.0 mm^2。

四周均选配4 Φ 22的钢筋。

实际配筋1 520 mm^2。

4.4 双排架结构结构设计

4.4.1 双排架结构布置

界河拉杆拱渡槽双排架从高度上分为3种:12 m、9 m、6 m,排架柱断面尺寸为0.70 m×0.80 m(顺流向);垂直水流向端横系梁断面尺寸为0.80 m×1.30 m(高),中横系梁断面尺寸为0.60 m×0.80 m(高);顺水流向端横系梁断面尺寸为0.70 m×1.30 m(高),中横系梁断面尺寸为0.40 m×0.80 m。双排架结构模型见图1-4-111。

图1-4-111　双排架结构模型

4.4.2　荷载组合

依据拉杆拱的计算成果,计算双排架3种荷载组合。

荷载组合1:空槽+风荷载(垂直水流向);

荷载组合2:满槽+风荷载(垂直水流向);

荷载组合3:满槽+地震2(顺水流向);

依据排架结构的受力特点,简化成平面刚架进行内力计算。

4.4.3　内力计算

取界河渡槽12 m高双排架结构设计为典型,内力计算成果见表1-4-7。

表1-4-7　12 m高双排架内力计算成果

荷载组合		部位			
		柱700 mm×800 mm		横梁600 mm×800 mm	端横梁800 mm×1 300 mm
		迎风侧	背风侧		
荷载组合1	轴力/kN	1 454	4 094	—	—
	剪力/kN	253.4	253.4	310.2	194.5
	弯矩/(kN·m)	585.4	585	713.4	688.7

续表 1-4-7

荷载组合		部位			
		柱 700 mm×800 mm		横梁 600 mm×800 mm	端横梁 800 mm×1 300 mm
		迎风侧	背风侧		
荷载组合 2	轴力/kN	3 128	6 102	—	—
	剪力/kN	253.4	253.4	310.2	194.5
	弯矩/(kN·m)	585.4	585	713.4	688.7
荷载组合 3	轴力/kN	5 508	6 286	—	—
	剪力/kN	344.6	344.6	537.7	361.2
	弯矩/(kN·m)	783	783	967.9	650.2

4.4.4 配筋设计

采用建筑结构 PKPM 计算绘图,排架柱受力侧配置Ⅱ级钢筋 6 Φ 25,对称布置;端横梁配置Ⅱ级钢筋 9 Φ 25,顶底配筋相同,横梁配置Ⅱ级钢筋 6 Φ 25,顶底配筋相同,详见设计图纸。

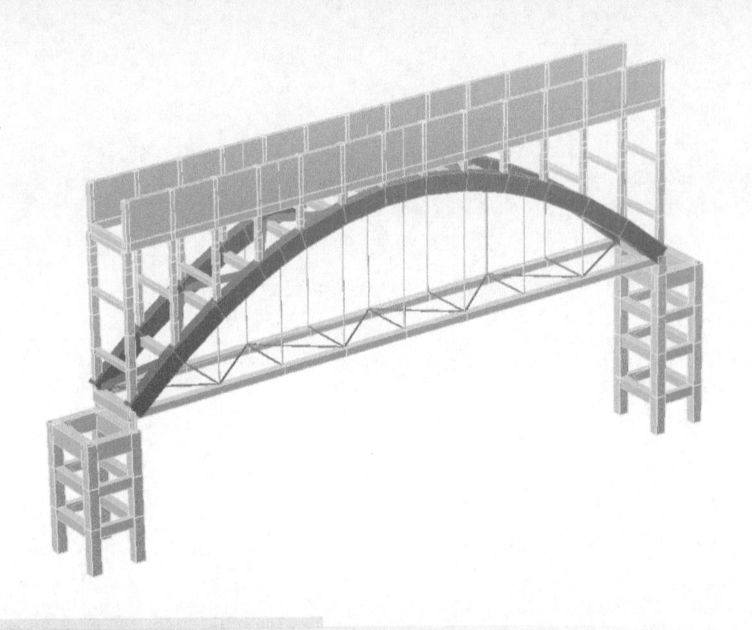

第2部分

渡槽上部结构复核

界河渡槽安全鉴定工作于2021年完成,本部分内容为界河渡槽后期安全鉴定中结构安全复核中的上部结构渡槽槽身、拉杆拱和双排架的复核内容,复核采用有限元方法,复核程序采用盈建科软件,复核规范采用现行的有效规范。

1 基本资料收集

1.1 依据的规范、规程

(1)《渡槽安全评价导则》(T/CHES 22—2018);

(2)《渡槽安全鉴定规程》(DB44/T 2041—2017);

(3)《水闸安全评价导则》(SL 214—2015);

(4)《水利部关于印发〈水闸安全鉴定管理办法〉的通知》(水建管〔2008〕214 号);

(5)《工程建设标准强制性条文》(水利工程部分,2020 年版);

(6)《防洪标准》(GB 50201—2014);

(7)《水利水电工程等级划分及洪水标准》(SL 252—2017);

(8)《水闸设计规范》(SL 265—2016);

(9)《灌溉与排水渠系建筑物设计规范》(SL 482—2011);

(10)《灌溉与排水工程设计标准》(GB 50288—2018);

(11)《中国地震动参数区划图》(GB 18306—2015);

(12)《水工混凝土结构设计规范》(SL 191—2008);

(13)《水工建筑物抗震设计标准》(GB 51247—2018);

(14)《预应力混凝土用钢绞线》(GB/T 5224—2014);

(15)《建筑结构荷载规范》(GB 50009—2012);

(16)《砌体结构设计规范》(GB 50003—2011);

(17)《建筑地基基础设计规范》(GB 50007—2011);

(18)《公路桥涵设计通用规范》(JTG D60—2015);

(19)《预应力筋用锚具、夹具和连接器》(GB/T 14370—2015);

(20)《国家电气设备安全技术规范》(GB 19517—2009);

(21)《电气装置安装工程 电气设备交接试验标准》(GB 50150—2016);

(22)《电气设备安全设计导则》(GB/T 25295—2010);

(23)《水利水电工程机电设计技术规范》(SL 511—2011);

(24)《建筑结构可靠性设计统一标准》(GB 50068—2018);

(25)《混凝土结构设计规范》(GB 50010—2010);

(26)《建筑桩基技术规范》(JGJ 94—2008);

(27)《建筑抗震设计规范》(GB 50011—2010);

(28)其他相关的国家和行业现行规程、规范。

1.2 依据的资料

(1)《山东省胶东地区引黄调水工程渡槽工程施工图设计说明书》,山东省水利勘测设计院,2005 年 4 月;

(2)《山东省胶东地区引黄调水工程渡槽工程施工图图纸》,山东省水利勘测设计院,2005 年 4 月;

(3)《山东省胶东地区引黄调水工程界河渡槽工程设计工作报告》,山东省水利勘测设计院,2010 年 3 月;

(4)《山东省胶东地区引黄调水工程竣工验收设计工作报告》,山东省水利勘测设计院,2019 年 11 月;

(5)《山东省胶东地区引黄调水工程界河渡槽单位工程验收文件汇编》,山东省胶东地区引黄调水工程建设管理局,2016 年 6 月;

(6)《山东省胶东调水工程管理范围和保护范围划定实施方案(报批稿)》,山东省调水工程运行维护中心,2020 年 9 月;

(7)《山东省调水工程运行维护中心招远管理站争创国家级水管单位自查自评报告》,山东省调水工程运行维护中心招远管理站,2021 年 8 月。

1.3 设计标准及主要技术指标

1.3.1 工程等别及建筑物级别

根据《水利水电工程等级划分及洪水标准》(SL 252—2017),结合

本工程的实际情况，确定本工程的工程等别为Ⅰ等，其主要建筑物级别为1级，次要建筑物级别为3级。泵站、隧洞、输水渠道（明渠、暗渠）、压力管道、渡槽、渠（管）道与铁路、高速公路及一级公路的交叉建筑物、输水渠道（压力管道）穿河倒虹、宋庄分水闸等其永久性主要建筑物级别为1级。

渡槽作为输水工程的主要建筑物，级别为1级；渡槽进口节制闸作为主要建筑物，级别为1级。

1.3.2　洪水标准

根据《水利水电工程等级划分及洪水标准》（SL 252—2017）的规定，确定输水渠穿（跨）河倒虹、渡槽等1级建筑物，设计洪水标准采用50年一遇，校核洪水标准采用200年一遇。

1.3.3　地震参数

原设计标准：依据《中国地震动参数区划图》（2001年）确定渡槽场区地震动峰值加速度为0.1g，地震动反应谱特征周期为0.4 s，相应地震基本烈度为Ⅶ度。

现设计标准：依据《中国地震动参数区划图》（GB 18306—2015），库区地震动峰值加速度为0.15g，地震动反应谱特征周期为0.45 s，相应地震基本烈度为Ⅶ度。

1.3.4　主要技术资料、指标

（1）界河渡槽设计指标见表2-1-1。

（2）设计水深2.21 m，加大水深2.69 m，槽身净断面尺寸为4.5 m×2.95 m。

（3）100年一遇风压0.60 kN/m^2。

（4）钢筋混凝土构件强度复核计算中采用的混凝土强度值见表2-1-2；钢筋强度指标见表2-1-3。

表 2-1-1　界河渡槽设计指标

设计桩号	起始	122+832
	终止	124+853
渐变段长/m	进口	15.5
	出口	15.4
长度/m		2 021
流量/(m^3/s)	设计	16.30
	加大	21.20
渠底高程/m	进口	40.98
	出口	39.79
堤顶高程/m	进口	44.98
	出口	43.79
渠底宽度/m	进口	5.4
	出口	5.3
渡槽前水位/m	设计	43.48
	加大	43.81
渡槽后水位/m	设计	42.29
	加大	42.63

表 2-1-2　上承式预应力混凝土拉杆拱式矩形渡槽混凝土强度对比

部位	项目	
	原设计混凝土强度等级	本次检测抗压强度平均值/MPa
拱顶排架	C40	42.3~43.9
拱肋	C50	51.7~55.2
拉杆	C50	51.3~54.4
渡槽槽身	C40	42.2~43.1
排架	C30	32.5~35.8

表 2-1-3 钢筋设计强度

钢筋种类	抗拉强度设计值/(N/mm²)	抗压强度设计值/(N/mm²)
Ⅰ级钢筋	210	210
Ⅱ级钢筋	300	300
Ⅲ级钢筋	360	360
1×7 钢绞线	1 320(1 860 标准值)	390

1.4 设计附图

设计附图见图 2-1-1～图 2-1-4。

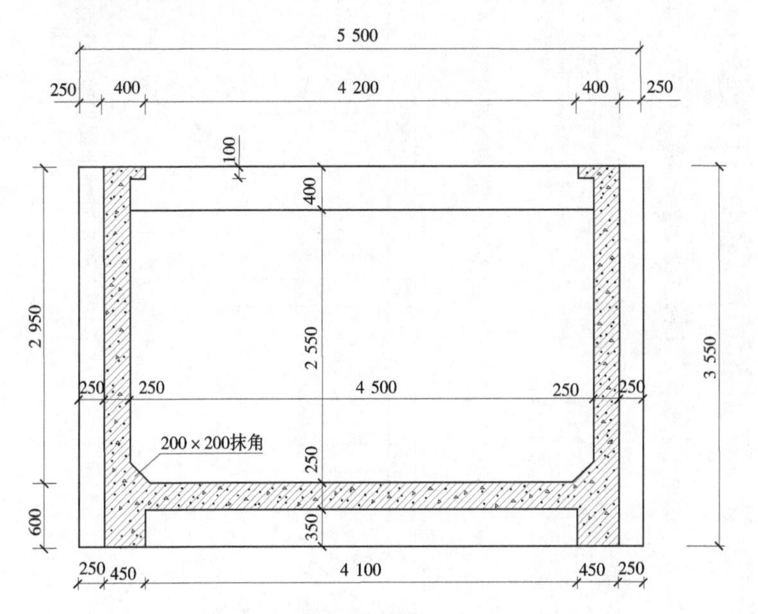

图 2-1-1 界河渡槽桁架拱顶渡槽断面图 (单位:mm)

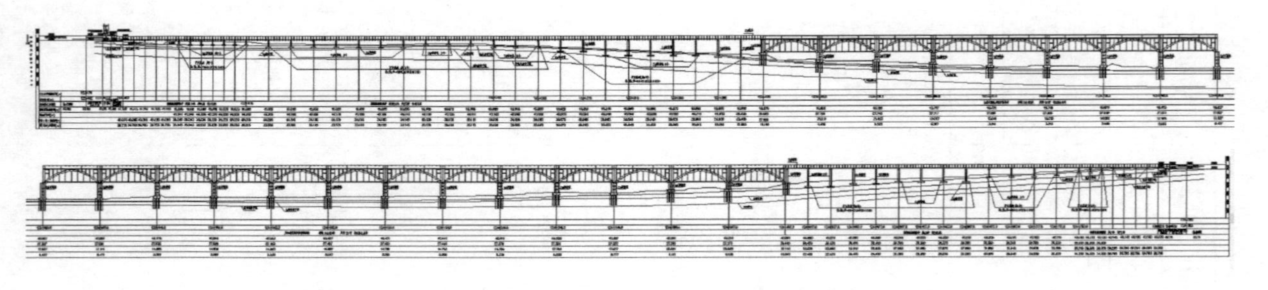

图 2-1-2　界河渡槽纵断面布置示意图

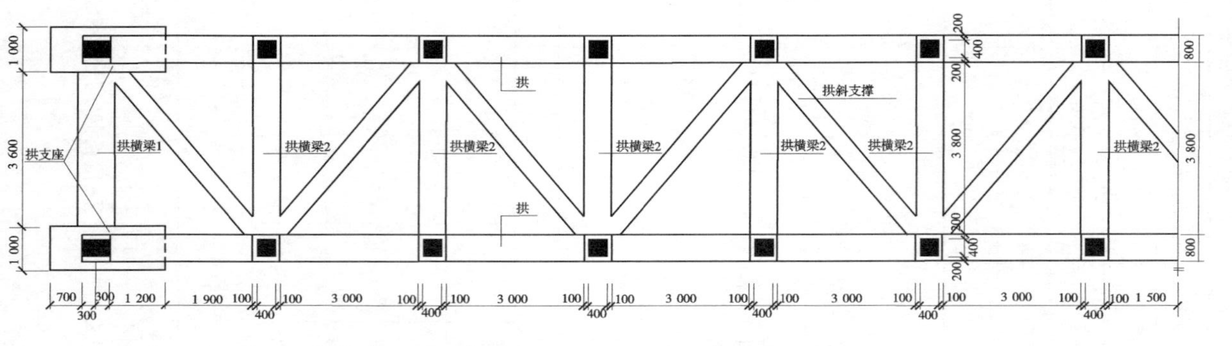

图 2-1-3　界河渡槽半跨桁架拱平面图（单位：mm）

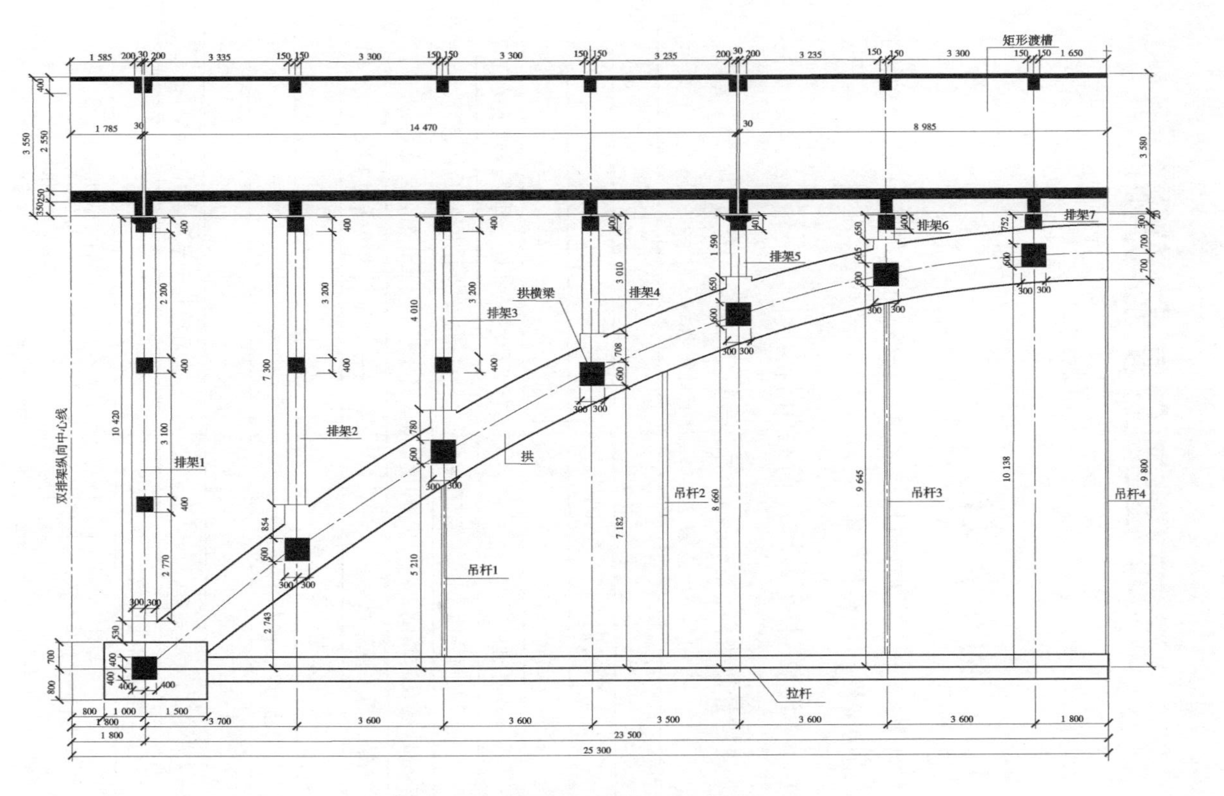

图 2-1-4 界河渡槽半跨桁架拱剖视图 （单位：mm）

2　工程安全复核分析

2.1　结构安全复核

渡槽结构安全复核包括抗滑稳定复核、抗倾覆稳定复核、结构强度、结构变形和抗裂验算等。

2.1.1　渡槽计算参数及荷载组合

渡槽计算参数、指标及荷载组合见表2-2-1～表2-2-3。

表2-2-1　渡槽计算参数

项目	取值	说明
建筑物级别	1级	
结构安全级别	一级	
环境条件	二类	露天环境，长期处于地下或水下的环境
裂缝控制等级	二级	一般要求不出现裂缝的构件
地震设防烈度	Ⅶ度	0.15g
结构重要性系数	1.1	建筑物级别为1级
自重荷载分项系数	1.3	
水重分项系数	1.5	
静水压力系数	1.5	
人群作用分项系数	1.5	人行桥板上活荷载按2 kN/m^2
风荷载作用分项系数	1.5	
预应力作用分项系数	1.3	对结构不利时
	1.0	对结构有利时

续表 2-2-1

项目	取值	说明
结构设计使用年限活荷载调整系数	1.1	
水平地震作用分项系数	1.3	水平向地震为主
竖向地震作用分项系数	0.5	
承载力抗震调整系数	0.75/0.80/0.85	梁受弯:0.75; 轴压比小于 0.15 的柱(偏压):0.75; 轴压比不小于 0.15 的柱(偏压):0.80; 抗震墙(偏压)及各类构件(受剪):0.85

表 2-2-2 渡槽荷载组合

荷载组合	计算工况	荷载													
		自重	水重	静水压力	动水压力	漂浮物撞击力	风压力	土压力	土的冻胀力	冰压力	温度荷载	混凝土收缩和徐变影响力	预应力	地震荷载	其他荷载
基本组合	设计水深、半槽水深	√	√	√	√	—	√	√	√	√	√	√	√	—	—
	空槽	√	—	√	√	—	√	√	√	—	√	√	√	—	—
特殊组合	加大水深、满槽水深	√	√	√	√	—	√	√	√	—	√	√	√	—	—
	漂浮物撞击	√	—	√	√	√	√	√	√	—	√	√	√	—	—
	地震情况	√	√	√	√	—	√	√	√	—	√	√	√	√	—

表 2-2-3 抗滑动稳定和抗倾覆稳定安全系数允许值

荷载组合		稳定安全系数类别	渡槽级别	
			1,2,3	4,5
基本组合	空槽、有风	K_c	1.3	1.2
		K_0	1.5	1.4
偶然组合	施工、有风	K_c、K_0	1.2	1.1
	空槽、有漂浮物	K_c、K_0	1.3	1.2

2.1.2 荷载计算

(1)混凝土结构自重:25 kN/m^3。

(2)水:10 kN/m^3。

(3)渡槽上活荷载:1.5 kN/m^2。

(4)风荷载:

$$W_k = \beta_z \mu_z \mu_s W_0$$

式中 β_z——风振系数,计算时取 1.47;

μ_z——风压高度变化系数,计算时渡槽槽身取 1.36,拱取 1.25,排架取 1.0;

μ_s——风荷载体形系数,渡槽槽身取 1.7,拱取 1.4,排架取 0.86;

W_0——基本风压,计算时取 0.6 kN/m^2。

$$W_{渡槽} = 1.47 \times 1.36 \times 1.7 \times 0.6 = 2.04(\text{kN/m}^2)$$

$$W_{拱} = 1.47 \times 1.25 \times 1.4 \times 0.6 = 1.54(\text{kN/m}^2)$$

$$W_{排架} = 1.47 \times 1.0 \times 0.86 \times 0.6 = 0.76(\text{kN/m}^2)$$

由于风荷载较小,对渡槽结构设计影响不大,通过构造就可满足要求,渡槽槽身设计中不予考虑。

(5)地震力(考虑顺槽向、横槽向及竖向地震力的作用):采用动力法进行抗震计算。

(6)温度荷载:内外温差在横向设计时予以考虑,按槽顶温升或温降5 ℃考虑。在有限元分析时予以校核。

2.1.3 渡槽槽身稳定性复核

2.1.3.1 基本参数

拱顶渡槽槽身结构为矩形钢筋混凝土结构,支座跨度 3.6 m,槽身净宽 4.5 m、深 2.95 m,侧墙壁厚 0.25 m,底板厚 0.25 m,侧肋宽 0.30 m、高 0.50 m,底肋宽 0.30 m、高 0.60 m,侧肋及底肋间距为 3.60 m,肋顶设有拉杆,拉杆宽 0.30 m、高 0.40 m,侧肋、底肋及拉杆在槽身形成封闭的环箍,以增加槽身横向刚度,渡槽侧墙顶部设有 0.4 m 宽、0.10 m 厚的缘角板,以保护侧墙顶部受损及增加拉杆固端刚度。

2.1.3.2 计算工况

基本组合:渡槽为空槽+有风(垂直水流向)。

荷载组合见第 2 部分 2.1.1 节。

2.1.3.3 计算公式

根据《灌溉与排水渠系建筑物设计规范》(SL 482—2011),抗倾覆稳定安全系数计算公式为:

$$K_0=\frac{\sum M_V}{\sum M_P}$$

式中 K_0——抗倾覆稳定安全系数;

$\sum M_V$——所有竖向荷载对基底面形心轴的力矩总和,kN · m;

$\sum M_P$——所有水平向荷载对基底面形心轴的力矩总和,kN · m。

基底应力可按以下公式进行计算:

$$P_{\substack{max\\min}}=\frac{\sum G}{A}\pm\frac{\sum M_x}{W_x}\pm\frac{\sum M_y}{W_y}$$

式中 $P_{\substack{max\\min}}$——基底应力的最大值或最小值,kPa;

$\sum G$——作用在基础上的全部竖向荷载,kN;

$\sum M_x$、$\sum M_y$——作用在基础上的全部竖向荷载和水平向荷载对于基础底面形心轴 x、y 的力矩,kN · m;

W_x、W_y——基底面对于该底面形心轴 x、y 的截面矩,m^3;

A——基底面的面积,m^2。

2.1.3.4 计算成果

取一跨渡槽进行渡槽槽身稳定性分析，具体计算结果见表 2-2-4。

表 2-2-4 上承式拉杆拱拱顶渡槽稳定性计算结果

计算工况	抗倾覆稳定系数	
	计算值	允许值
基本组合	17.53	1.5

由计算可知，渡槽槽身稳定满足相关规范要求。

2.1.4 上承式拉杆拱稳定性复核

2.1.4.1 基本参数

上承式预应力混凝土拉杆拱式矩形渡槽结构，跨度 50.60 m，共计 21 跨，长 1 062.6 m。上承式拉杆拱由两榀预应力拉杆拱片组成。预应力拉杆拱片由拱肋、拉杆、吊杆及拱上排架组成。拱肋轴线为二次抛物线，抛物线方程为 ：$y=\frac{4f}{l^2}x(l-x)$。式中：矢高 f= 10.50 m，跨度 l= 47.0 m，矢跨比为 1∶4.48 ，拱肋断面高 1.40 m、宽 0.80 m。

为减小拱脚水平推力，改善支墩受力条件，两拱脚间采用拉杆，拉杆为 C50 预应力混凝土直杆，断面为 0.6 m×0.6 m；为减小拉杆垂度，避免拱脚水平变位过大，在拱轴上设有 7 根吊杆，吊杆为直径 120 mm 的钢管；为增强两片拱间的横向刚度及整体稳定性，预防拉杆在施加预应力时受压失稳，拱肋及拱拉杆间均设有横系杆（拱片拉杆）及斜承；拱肋横系杆间距为 3.6 m，断面高 0.60 m、宽 0.60 m，横系杆间设钢筋混凝土斜承，断面高 0.50 m、宽 0.50 m；拉杆横系杆为直径 150 mm 的钢管，间距为 5.4 m，横系杆间设直径 150 mm 的钢管斜承；拱肋上设有双柱单排架，间距为 3.6 m，排架柱断面尺寸顺水流向 0.60 m，垂直水流向 0.40 m，排架顶端横系杆断面高 0.40 m、宽 0.40 m，槽体分缝处排架横系梁宽度加大至 0.60 m，以满足槽体简支长度。为增加排架整体刚度，排架中部设有钢筋混凝土横系梁，断面同顶端横系杆。

2.1.4.2 计算工况和计算公式

计算工况和计算公式同第 2 部分 2.1.1 节。

2.1.4.3 计算成果

取一跨渡槽进行上承式拉杆拱稳定性分析,具体计算结果见表 2-2-5。

表 2-2-5 上承式拉杆拱稳定性计算结果

计算工况	抗倾覆稳定系数	
	计算值	允许值
基本组合	3.27	1.5

由计算可知,上承式拉杆拱稳定满足相关规范要求。

2.1.5 上承式拉杆拱渡槽槽身结构复核

2.1.5.1 计算模型

计算软件采用盈建科软件,计算中将槽体作为一个独立的结构体系进行计算,计算模型见图 2-2-1。

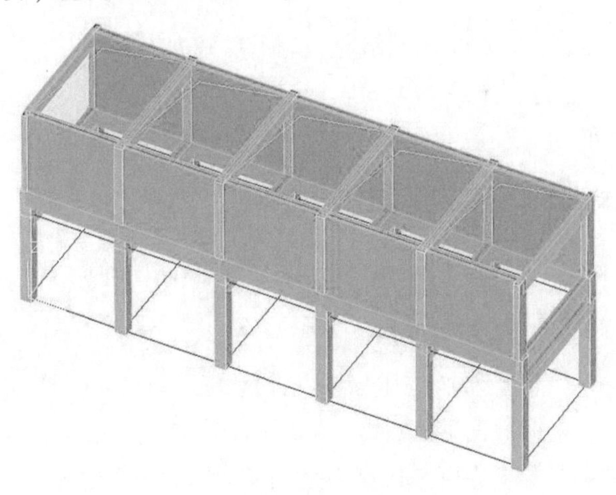

图 2-2-1 槽身计算模型

2.1.5.2 计算工况及荷载

1. 基本组合

(1)空槽工况:渡槽内无水;

(2)半槽水深:渡槽内为半槽水深,水深为1.47 m;

(3)设计水深:渡槽内为设计水深,水深为2.21 m。

2. 特殊组合

(1)加大水深:渡槽内为加大水深,水深为2.69 m;

(2)满槽水深:渡槽内为满槽水深,水深为2.95 m;

(3)地震工况:渡槽内设计水深为2.21 m,遇Ⅶ度地震,峰值加速度0.15g。

荷载组合见表2-2-2。

2.1.5.3 计算公式

1. 正截面受压承载能力

依照《水工混凝土结构设计规范》(SL 191—2008),矩形截面偏心受压构件正截面受压承载能力应符合下列规定:

$$KN \leqslant f_c bx + f_y A_s - f'_y A'_s$$

$$KNe \leqslant f_c bx\left(h_0 - \frac{x}{2}\right) + f'_y A'_s (h_0 - a'_s)$$

$$e = \eta e_0 + \frac{h}{2} - a_s$$

矩形截面正截面受弯承载能力应符合下列规定:

$$KM \leqslant f_c bx\left(h_0 - \frac{x}{2}\right) + f'_y A'_s (h_0 - a'_s)$$

$$f_c bx = f_y A_s - f'_y A'_s$$

式中 f_c——混凝土轴心抗压强度设计值;

b——矩形截面宽度;

x——混凝土受压区计算高度,$2a'_s \leqslant x \leqslant 0.85\zeta_b h_0$;

f_y——钢筋抗拉强度设计值;

f_y'——钢筋抗压强度设计值；

A_s、A_s'——配置在远离或者靠近轴向压力一侧的纵向钢筋截面面积；

h_0——截面有效高度，为截面高度减去受拉钢筋合力点至截面受拉边缘的距离；

M——弯矩设计值；

a_s——受拉钢筋或受压钢筋较小边纵向钢筋合力作用点至截面近边缘的距离；

a_s'——受压较大边纵向钢筋合力点至截面近边缘的距离；

K——承载能力安全系数，取1.35。

2. 斜截面抗剪能力验算

(1)矩形截面的受弯构件，其受剪截面应符合下列要求：

当$\frac{h_w}{b} \leqslant 4.0$时，$KV \leqslant 0.25f_c bh_0$；

当$\frac{h_w}{b} \geqslant 6.0$时，$KV \leqslant 0.2f_c bh_0$；

当$4.0 < \frac{h_w}{b} < 6.0$时，按线性内插法取用。

式中 V——构件斜截面上的最大剪力设计值；

h_w——截面的腹板高度，矩形截面取有效高度。

(2)当仅配有箍筋时：

$$KV \leqslant V_c + V_{sv}, V_c = 0.7f_t bh_0, V_{sv} = 1.25f_{yv}\frac{A_{sv}}{s}h_0$$

(3)当配有箍筋和弯起钢筋时：

$$KV \leqslant V_c + V_{sv} + V_{sb}, V_{sb} = f_y A_{sb}\sin\alpha_s$$

式中 V_c——混凝土受剪承载能力；

V_{sv}——箍筋受剪承载能力；

V_{sb}——弯起钢筋受剪承载能力；

A_{sv}——配置在同一截面内箍筋各肢的全部截面面积；

A_{sb}——同一弯起平面内弯起钢筋的截面面积；

s——沿构件长度方向箍筋的间距；

f_t——混凝土的轴心抗拉强度设计值；

f_{yv}——箍筋抗拉强度设计值。

当 $KV \leqslant V_c$ 时，则可不进行斜截面受剪承载能力计算，按构造要求配置箍筋。

3. 裂缝宽度验算

配置带肋钢筋的矩形截面受弯和偏心受压钢筋混凝土构件，在荷载效应标准组合下的最大裂缝宽度 w_{max}（mm）按下式计算：

$$w_{max} = \alpha \frac{\sigma_{sk}}{E_s}\left(30 + c + 0.07 \frac{d}{\rho_{te}}\right), \rho_{te} = \frac{A_s}{A_{te}}$$

式中 α——考虑构件受力特征和荷载长期作用的综合影响系数，对受弯和偏心受压构件，取 2.1；

σ_{sk}——按荷载标准值计算的构件纵向受拉钢筋应力；

c——最外层纵向受拉钢筋外边缘至受拉区边缘的距离，mm，当 c>65 mm 时，取 c=65 mm；

d——钢筋直径，mm，当钢筋用不同直径时，d 改用换算直径 $4A_s/u$，u 为纵向受拉钢筋截面总周长，mm；

E_s——钢筋弹性模量；

ρ_{te}——纵向受拉钢筋的有效配筋率，$\rho_{te} \leqslant 0.03$ 时，取 0.03；

A_{te}——有效受拉混凝土截面面积，受弯和大偏心构件 $A_{te} = 2a_s b$。

2.1.5.4 计算结果

经计算，满槽工况为槽身结构承载能力计算的控制工况。具体计算结果见图 2-2-2~图 2-2-7、表 2-2-6。

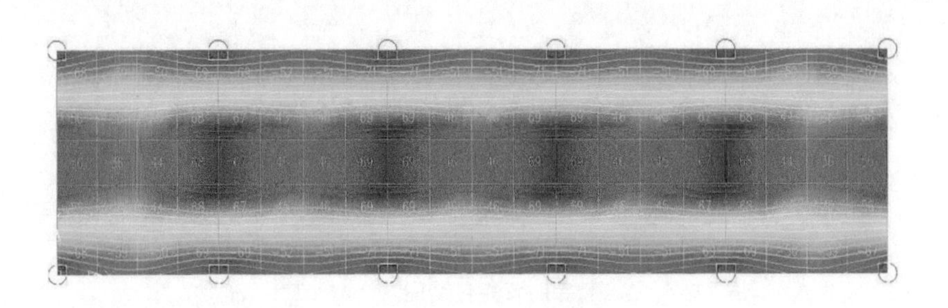

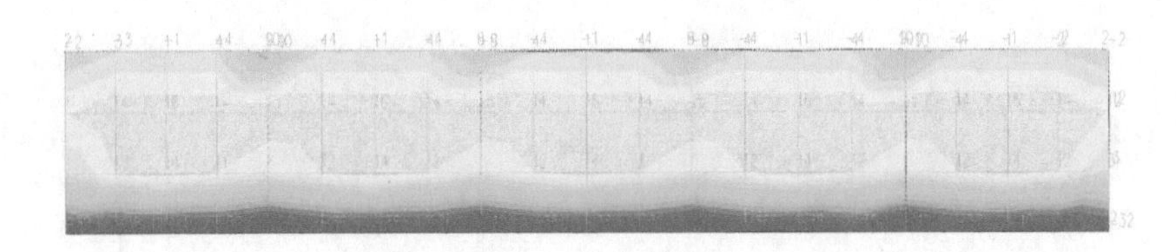

图 2-2-2 垂直水流向底板、边墙弯矩云图 （单位：kN · m）

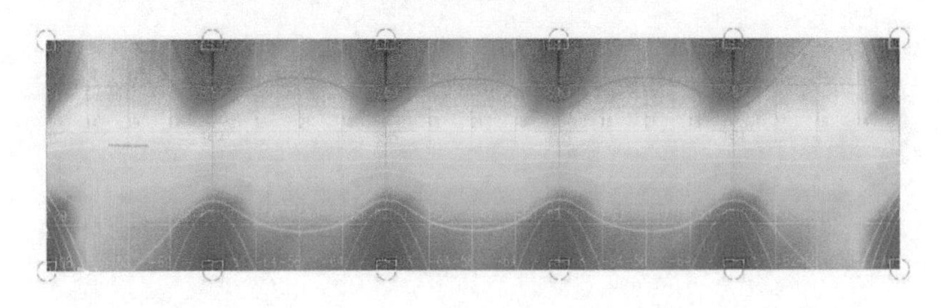

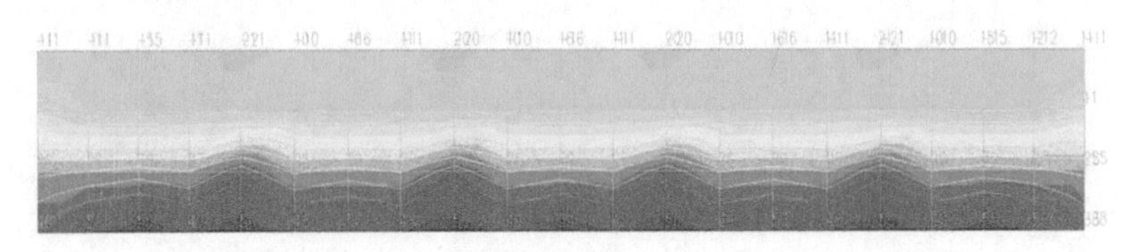

图 2-2-3 顺水流向底板、边墙剪力云图 （单位：kN）

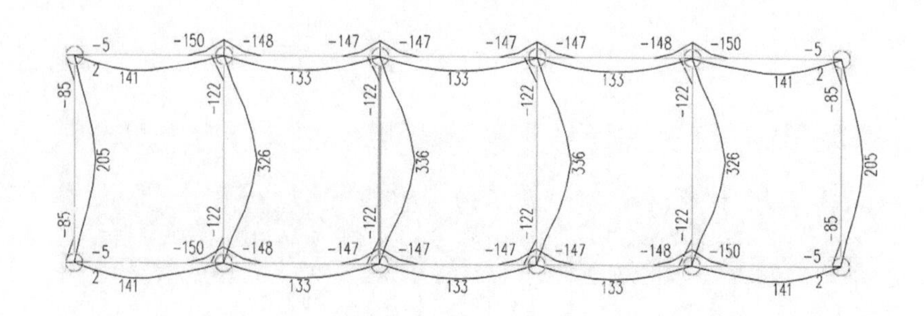

图 2-2-4　纵梁、底肋弯矩包络图　(单位:kN·m)

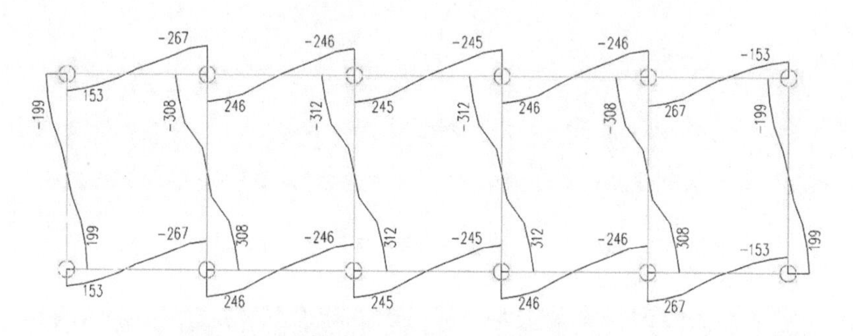

图 2-2-5　纵梁、底肋剪力包络图　(单位:kN)

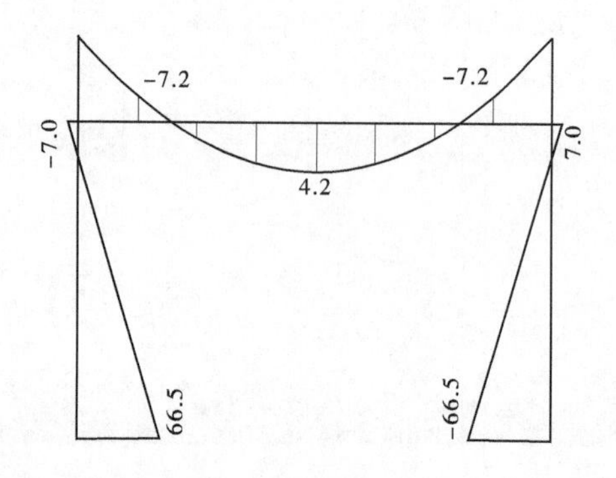

图 2-2-6　边肋、拉梁弯矩图　(单位:kN·m)

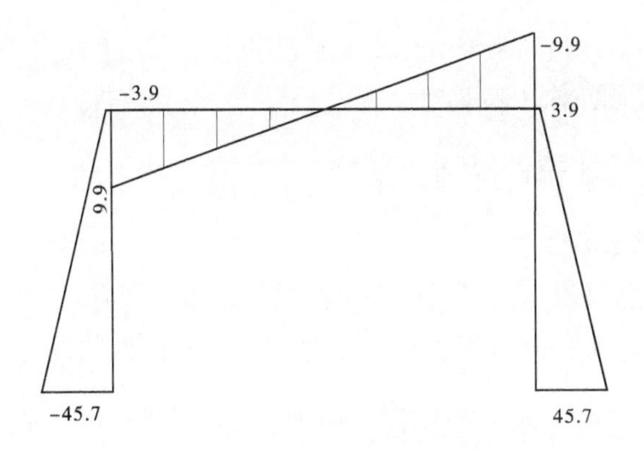

图 2-2-7 边肋、拉梁剪力图 （单位:kN）

表 2-2-6 槽身结构承载力复核结果一览表

部位		弯矩设计值/(kN·m)	弯矩标准值/(kN·m)	剪力标准值/kN	设计配筋面积/mm²	复核配筋面积/mm²	裂缝宽度/mm	结论
槽身侧墙	横向	42	28	36	754 (Φ 12@150)	654.9	抗裂	满足承载能力及配筋率要求
	纵向	39	26	38	754 (Φ 12@150)	607.6	抗裂	
槽身底板	横向	71	47	108.5	1 341 (Φ 16@150)	1 197.7	0.21	满足承载能力及配筋率要求
	纵向	58	38	58.9	1 341 (Φ 16@150)	969.6	0.17	
槽底纵梁		141	93.7	177.1	1 963 (4 Φ 25)	874.9	抗裂	满足承载能力及配筋率要求
槽身底肋		336	219.8	204.4	2 454 (5 Φ 25)	2 271.7	0.16	满足承载能力及配筋率要求
槽身边肋		66.5	40.4	28.1	2 945 (6 Φ 25)	579.6	抗裂	满足承载能力及配筋率要求
槽身拉杆		7.2	4.8	6.9	307 (2 Φ 14)	215	抗裂	满足承载能力及配筋率要求

由表 2-2-6 可知,渡槽槽身结构配筋均满足承载能力、正常使用极限状态及最小配筋率的要求。

2.1.6 上承式拉杆拱结构复核

2.1.6.1 基本参数

上承式拉杆拱由两榀预应力拉杆拱片组成。预应力拉杆拱片由拱肋、拉杆、吊杆及拱上排架组成。拱肋轴线为二次抛物线,抛物线方程为:$y=\frac{4f}{l^2}x(l-x)$。式中:矢高 f = 10.50 m,跨度 l = 47.0 m,矢跨比为 1∶4.48,拱肋断面高 1.40 m、宽 0.80 m。

为减小拱脚水平推力,改善支墩受力条件,两拱脚间采用拉杆,拉杆为 C50 预应力混凝土直杆,断面为 0.6 m×0.6 m;为减小拉杆垂度,避免拱脚水平变位过大,在拱轴上设有 7 根吊杆,吊杆为直径 120 mm 的钢管;为增强两片拱间的横向刚度及整体稳定性,预防拉杆在施加预应力时受压失稳,拱肋及拱拉杆间均设有横系杆(拱片拉杆)及斜撑;拱肋横系杆间距为 3.6 m,断面高 0.60 m、宽 0.60 m,横系杆间设钢筋混凝土斜撑,断面高 0.50 m、宽 0.50 m;拉杆横系杆为直径 150 mm 的钢管,间距为 5.4 m,横系杆间设直径 150 mm 的钢管斜撑;拱肋上设有双柱单排架,间距为 3.6 m,排架柱断面尺寸顺水流向为 0.60 m、0.40 m,垂直水流向 0.40 m,排架顶端横系杆断面高 0.40 m、宽 0.40 m,槽体分缝处排架横系梁宽度加大至 0.60 m,以满足槽体简支长度。为增加排架整体刚度,排架中部设有钢筋混凝土横系梁,断面同顶端横系杆。

图 2-2-8 为上承式拉杆拱结构图,图 2-2-9 为上承式拉杆拱计算模型图。

2.1.6.2 计算工况及荷载组合

根据渡槽运行情况,将渡槽的各种荷载进行组合,见表 2-2-7。

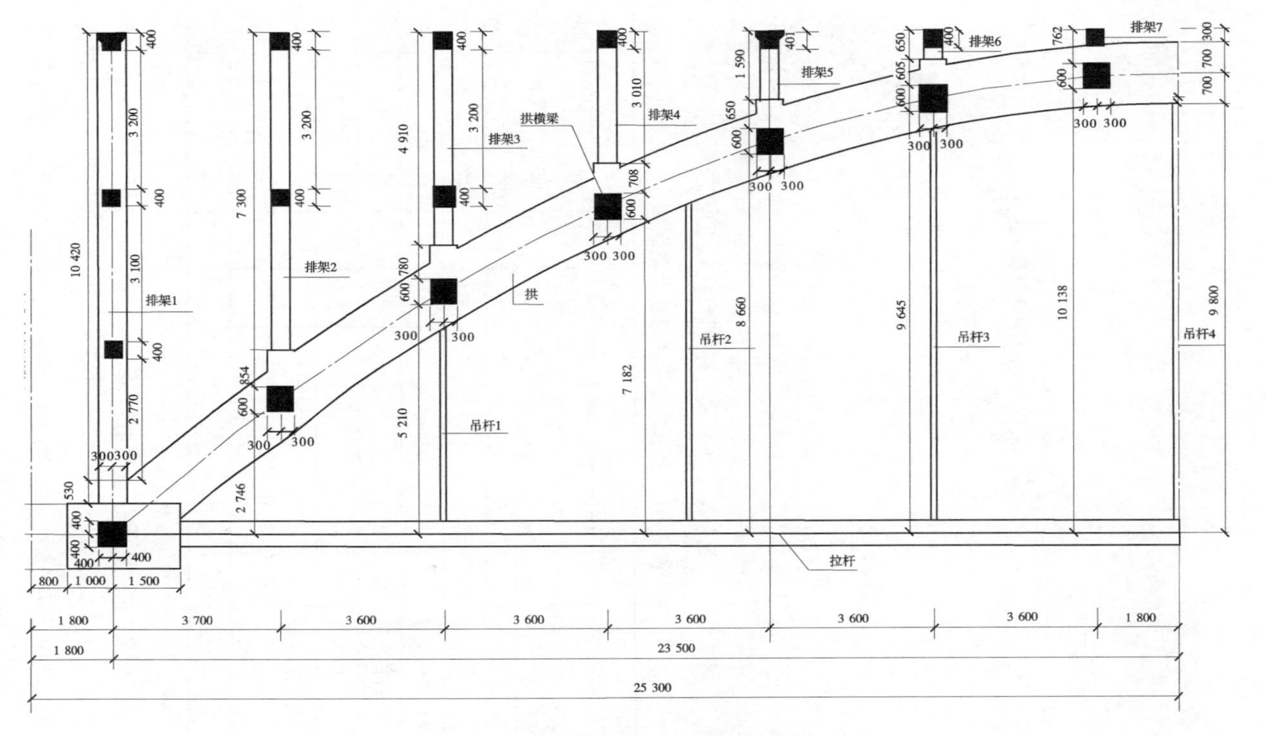

图 2-2-8 上承式拉杆拱结构图

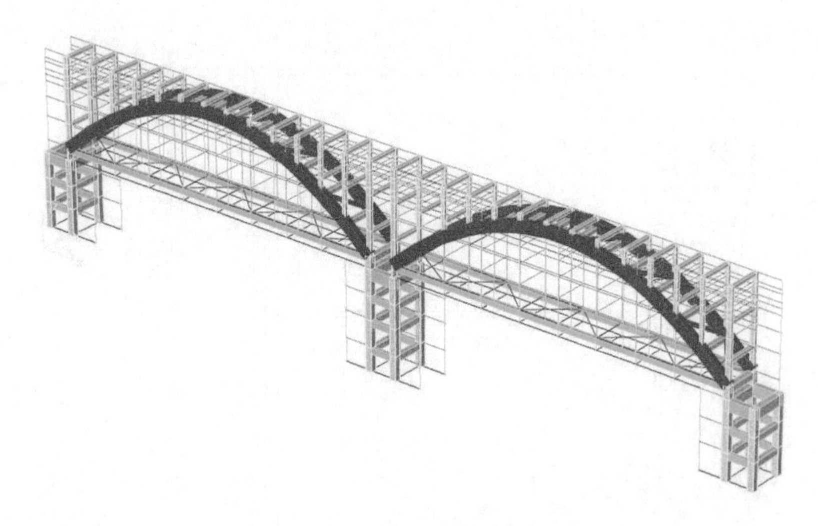

图 2-2-9　上承式拉杆拱计算模型图

表 2-2-7　上承式拉杆拱结构荷载组合

荷载组合		荷载种类									
		自重	恒载	设计水深	半槽水深	加大水深	满槽水深	风荷载	第一地震惯性力	第二地震惯性力	预应力
		(1)	(2)	(3)	(4)	(5)	(6)	(7)	(8)	(9)	(10)
基本组合	(1)空槽运行	√	√					√			√
	(2)设计水深	√	√	√				√			√
	(3)半槽水深	√	√		√			√			√
特殊组合	(4)加大水深	√	√			√		√			√
	(5)满槽水深	√	√				√	√			√
	(6)地震情况	√	√	√					√	√	√

2.1.6.3　预应力损失及等效荷载计算

1. 预应力损失计算

每片拱拉杆为 600 mm×600 mm 预应力混凝土拉杆,拉杆配 32 根钢绞线,分 4 孔,每孔 8 根,见图 2-2-10。

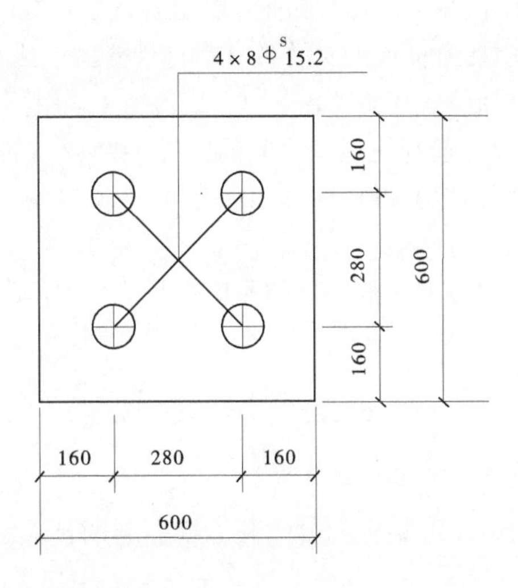

图 2-2-10 拉杆断面图 （单位:mm）

拉杆采用后张法进行张拉,预应力钢绞线张拉控制应力:

$$\sigma_{\text{con}} = 0.60 f_{\text{ptk}} = 0.60 \times 1\,860 = 1\,116(\text{N/mm}^2)$$

预应力钢绞线采用两端张拉,依据《混凝土结构设计规范》(GB 50010—2010)进行预应力损失计算。

1)第一项预应力损失

预应力钢筋由于锚具变形和预应力钢筋内缩引起的预应力损失:

$$\sigma_{l1} = \frac{a}{l} E_{\text{s}}$$

式中 a——张拉端锚具变形和预应力筋内缩值,mm,按《混凝土结构设计规范》(GB 50010—2010)表 10.2.2 采用;

l——张拉端至锚固段之间的距离,mm;

2)第二项预应力损失

预应力钢筋与孔道壁之间的摩擦引起的预应力损失:

$$\sigma_{l2} = (\kappa x + \mu\theta)\sigma_{\text{con}}$$

式中 x——从张拉端至计算截面的孔道长度,可近似取该段孔道在纵轴上的投影长度,m;

θ——从张拉端至计算截面曲线孔道各部位切线的夹角之和，rad；

κ——考虑孔道每米长度局部偏差的摩擦系数，按《混凝土结构设计规范》（GB 50010—2010）表 10.2.4 采用；

μ——预应力筋与孔道壁之间的摩擦系数，按《混凝土结构设计规范》（GB 50010—2010）表 10.2.4 采用。

3）第四项预应力损失

预应力钢筋的应力松弛引起的预应力损失：对于低松弛钢绞线，当 $\sigma_{con} \leqslant 0.7f_{ptk}$ 时：

$$\sigma_{l4} = 0.125\left(\frac{\sigma_{con}}{f_{ptk}} - 0.5\right)\sigma_{con}$$

4）第五项预应力损失

预应力钢筋由于混凝土的收缩和徐变引起的预应力损失：

$$\sigma_{l5} = \frac{55 + 300\dfrac{\sigma_{pc}}{f'_{cu}}}{1 + 15\rho}$$

对于后张法构件：

$$\rho = (A_p + A_s)/A_n$$

式中 A_p——受拉区纵向预应力钢筋的截面面积；

A_s——受拉区纵向非预应力钢筋的截面面积；

A_n——构件净截面面积。

5）总预应力损失

$$\begin{aligned}\sigma_l &= \sigma_{l1} + \sigma_{l2} + \sigma_{l4} + \sigma_{l5} \\ &= 19.9 + 10 + 13.9 + 104.6 \\ &= 148.4(\text{N/mm}^2)\end{aligned}$$

等效荷载为端部集中力：

$$N_{pe} = (1\ 116 - 148.4) \times 32 \times 140 = 4\ 335(\text{kN})$$

2. 改进等效荷载计算

有效张拉力 4 335 kN 作用于承受拱自重及排架自重的拱体上拱滑动铰产生的水平位移为-11.183 mm。所以，作用在拉索拱上的改进等效荷载为

$$\widetilde{N}_{pe} = 4\ 335\ \text{kN} + \frac{11.183}{47\ 000} \times (3.86 - 3.35) \times 10^5 \times 3.45 \times 10^4 (\text{N})$$
$$= 4\ 754(\text{kN})$$

2.1.6.4 内力计算

各构件内力计算结果见图2-2-11～图2-2-28、表2-2-8。

1. 工况1

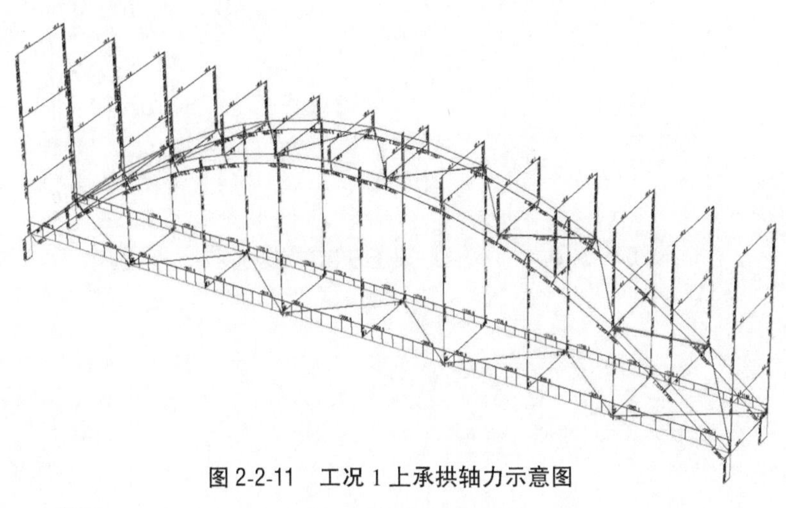

图2-2-11 工况1上承拱轴力示意图

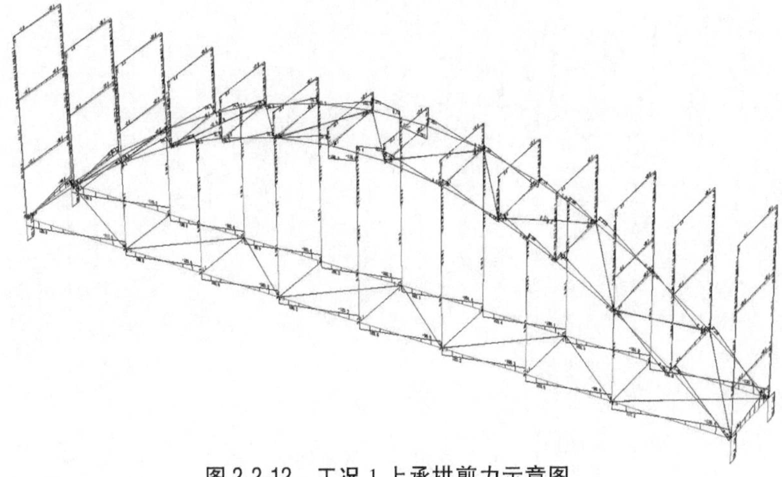

图2-2-12 工况1上承拱剪力示意图

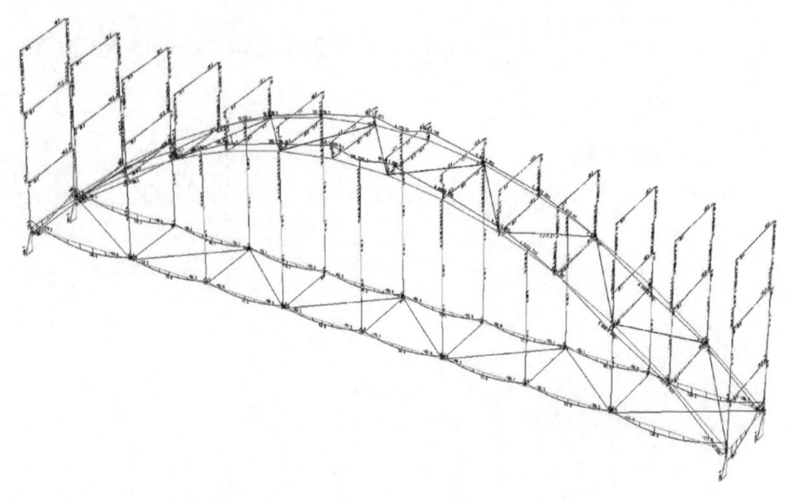

图 2-2-13　工况 1 上承拱弯矩示意图

2. 工况 2

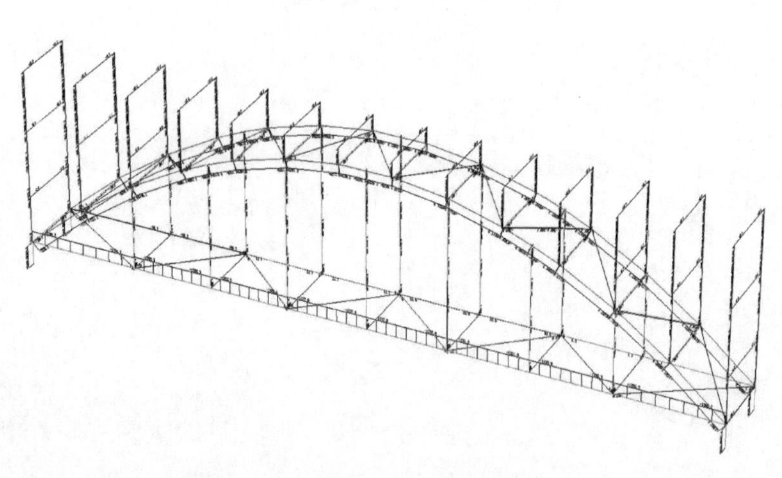

图 2-2-14　工况 2 上承拱轴力示意图

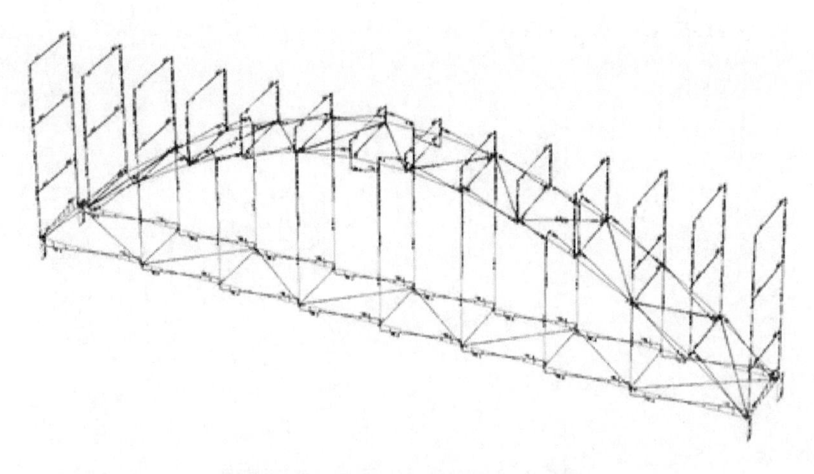

图 2-2-15 工况 2 上承拱剪力示意图

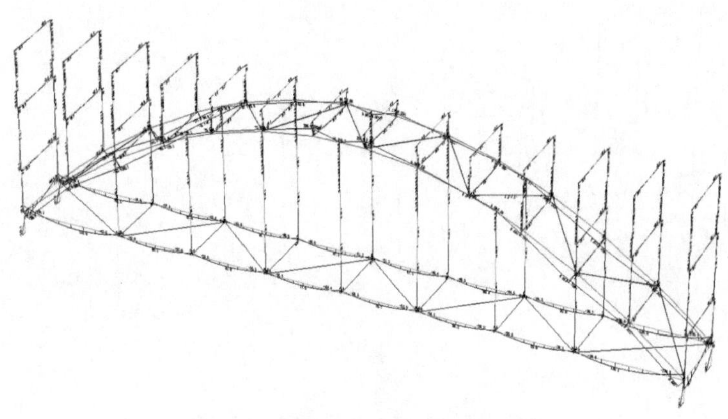

图 2-2-16 工况 2 上承拱弯矩示意图

3. 工况 3

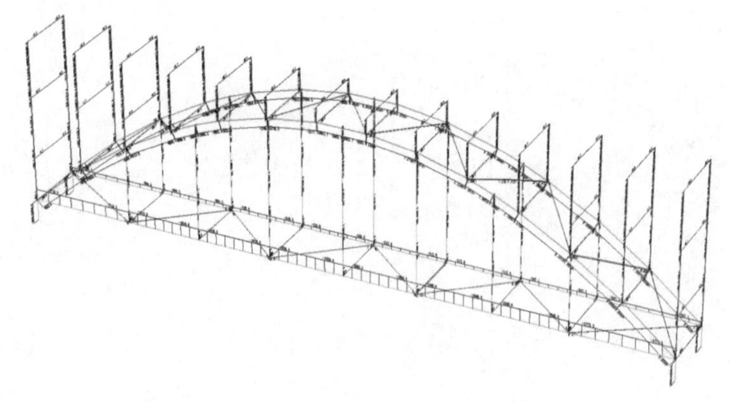

图 2-2-17　工况 3 上承拱轴力示意图

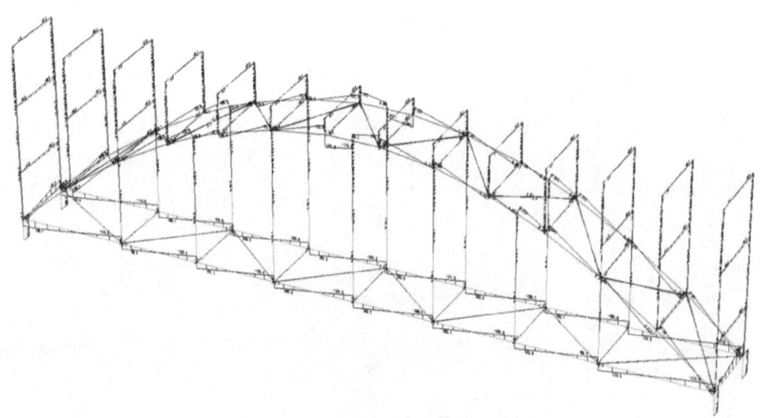

图 2-2-18　工况 3 上承拱剪力示意图

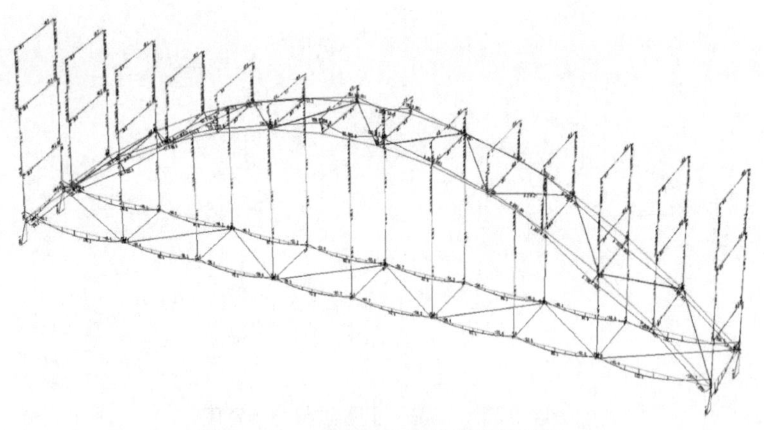

图 2-2-19 工况 3 上承拱弯矩示意图

4. 工况 4

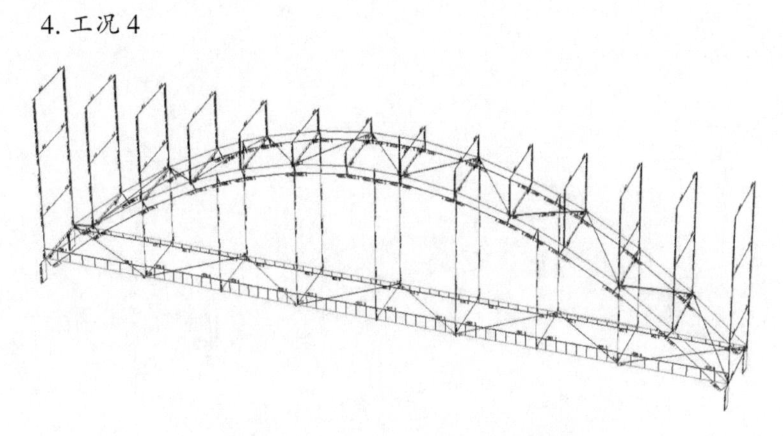

图 2-2-20 工况 4 上承拱轴力示意图

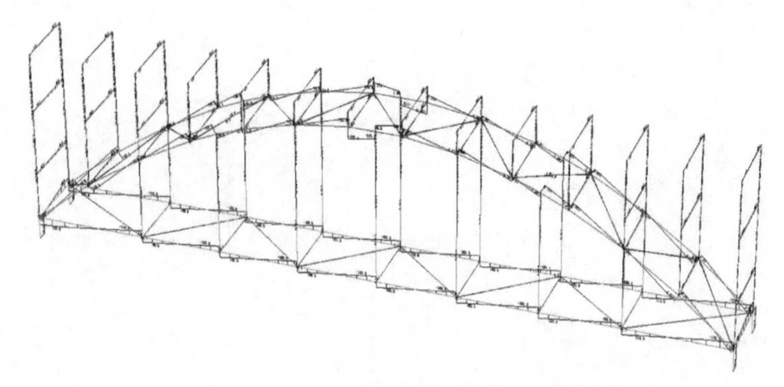

图 2-2-21　工况 4 上承拱剪力示意图

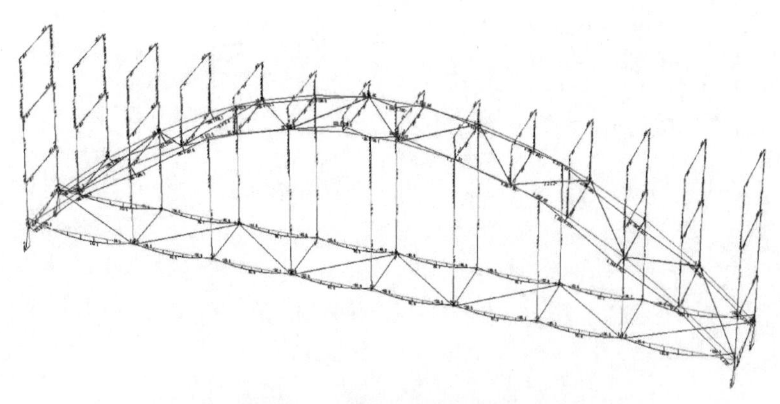

图 2-2-22　工况 4 上承拱弯矩示意图

5. 工况 5

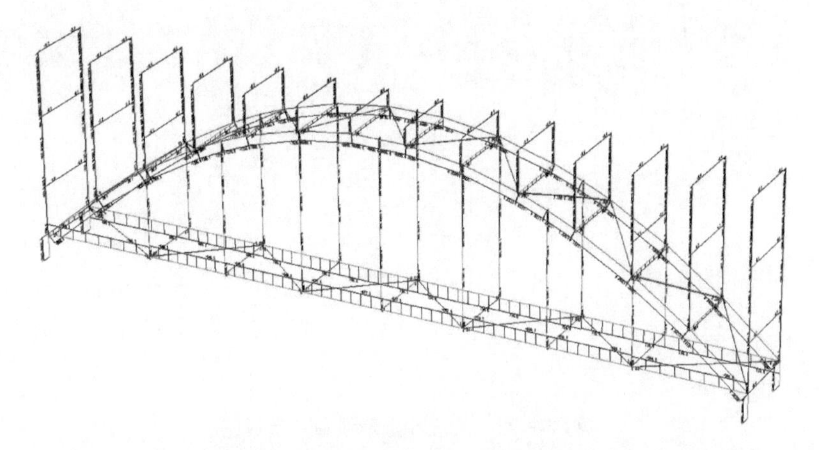

图 2-2-23　工况 5 上承拱轴力示意图

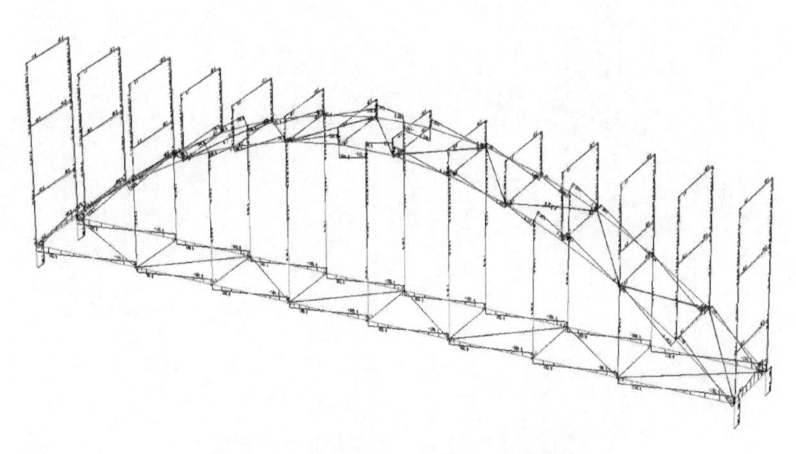

图 2-2-24　工况 5 上承拱剪力示意图

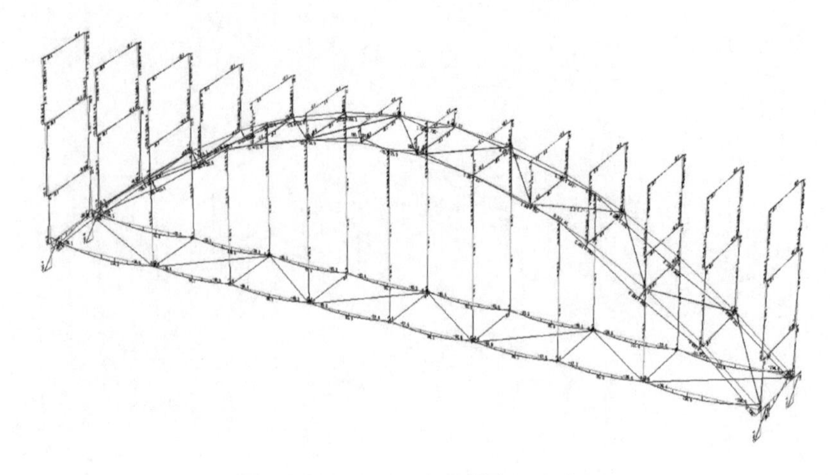

图 2-2-25　工况 5 上承拱弯矩示意图

6. 工况 6

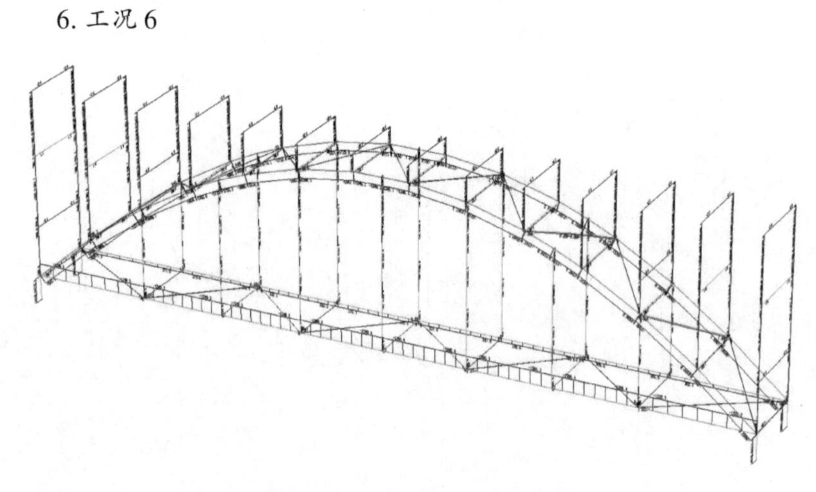

图 2-2-26　工况 6 上承拱轴力示意图

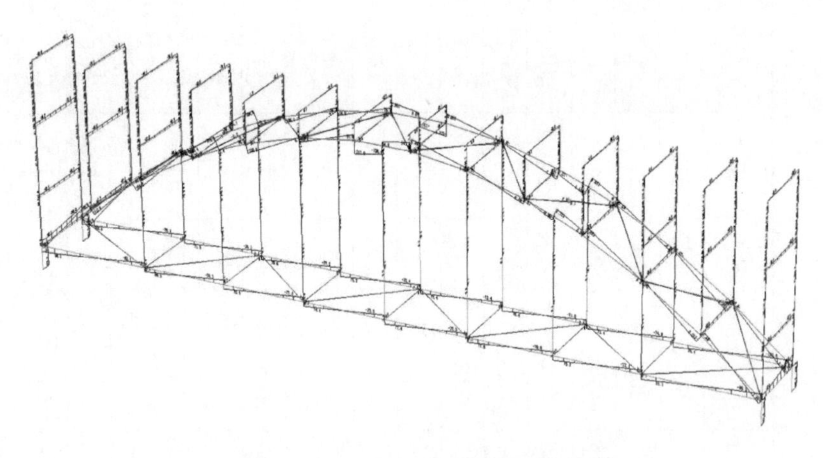

图 2-2-27 工况 6 上承拱剪力示意图

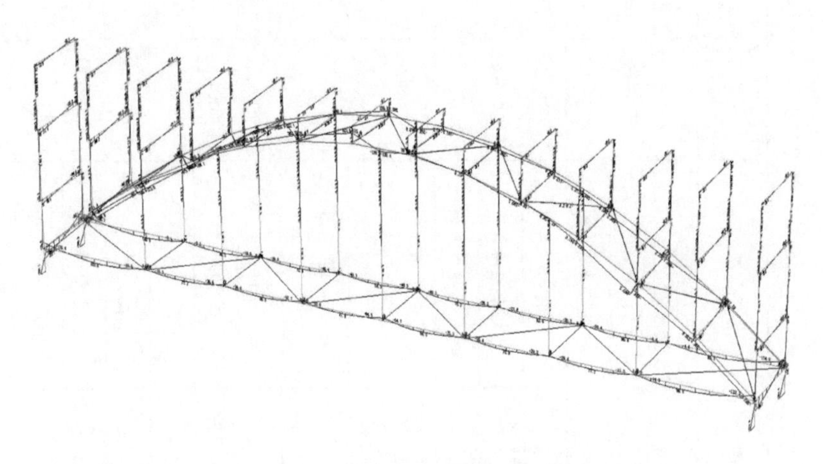

图 2-2-28 工况 6 上承拱弯矩示意图

表 2-2-8　拉杆拱结构内力统计

杆件	部位	内力	断面尺寸/(mm×mm)	工况 1	工况 2	工况 3	工况 4	工况 5	工况 6
拱顶 1#排架	排架柱垂向	轴力/kN	600×400	-430.9	-678.8	-600.9	-732.3	-773.1	-649.0
		剪力/(kN		30.1	29.1	30.0	30.0	29.0	50.7
		弯矩/(kN·m)		67.3	63.6	67.6	67.8	63.8	91.3
	排架柱顺向	轴力/kN	600×400	-362.1	-609.2	-532.0	-663.4	-703.5	-519.6
		剪力/kN		12.8	12.9	12.9	12.9	12.9	34.2
		弯矩/(kN·m)		82.3	82.5	82.5	82.6	82.6	285.9
	盖梁	轴力/kN	400×400	—	—	—	—	—	—
		剪力/kN		41.0	41.0	41.2	40.9	41.0	73.9
		弯矩/(kN·m)		71.4	71.6	71.4	71.3	71.6	127.3
拱顶 2#排架	排架柱	轴力/kN	400×400	-335.4	-582.7	-505.4	-636.9	-677.1	-457.9
		剪力/kN		21.6	21.3	21.5	21.5	21.3	35.7
		弯矩/(kN·m)		54.5	53.6	54.3	54.2	53.6	181.2
	盖梁	轴力/kN	400×400	—	—	—	—	—	—
		剪力/kN		37.2	37.2	37.1	37.1	37.2	74.0
		弯矩/(kN·m)		62.6	62.4	62.3	62.3	62.4	127.2

续表 2-2-8

杆件	部位	内力	断面尺寸/(mm×mm)	工况 1	工况 2	工况 3	工况 4	工况 5	工况 6
拱肋	拱顶	轴力/kN	800×1 400	−4 462.9	−6 223.9	−5 678	−6 617.6	−6 892.9	−5 393.
		剪力/kN		188.7	186.4	187.9	187.3	184.9	238.5
		顶部弯矩/(kN·m)		458.5	208.9	296.9	172.2	108.7	687.9
	拱底	轴力/kN		−4 938.9	−7 018.3	−6 393.7	−7 466.9	−7 783.2	−6 066.
		剪力/kN		188.7	186.4	186.4	185.8	187.9	238.5
		底部弯矩/(kN·m)		317.5	487.6	447.6	506.3	532.3	1 030.5

注:拱顶两端排架为1#排架,与1#相邻排架为2#排架。

2.1.6.5 结构复核

1. 拱顶排架承载能力复核

基本组合拱顶排架结构承载力复核结果、地震工况拱顶排架结构承载力复核结果分别见表 2-2-9、表 2-2-10。

表 2-2-9 基本组合拱顶排架结构承载力复核结果一览表

部位	弯矩值/(kN·m)	剪力值/kN	轴力值/kN	设计配筋/mm²	复核配筋面积/mm²	裂缝宽度/mm	结论
拱顶 1# 排架柱垂向	67.8	30.0	-732.3	4 Φ 22 (1 520)	432	抗裂	满足承载能力及配筋率要求
拱顶 1# 排架柱顺向	82.6	12.9	-663.4	4 Φ 22 (1 520)	448	抗裂	满足承载能力及配筋率要求
拱顶 1# 排架盖梁	71.6	41.2	—	4 Φ 20 (1 256)	689	0.13	满足承载能力及配筋率要求
拱顶 2# 排架柱	54.3	21.5	-636.9	4 Φ 20 (1 256)	1 052	抗裂	满足承载能力及配筋率要求
拱顶 2# 排架盖梁	62.4	37.2	—	4 Φ 20 (1 256)	597	0.12	满足承载能力及配筋率要求

由表 2-2-9 可知,基本组合条件下,拱顶排架各结构均满足承载能力及最小配筋率的要求。

表 2-2-10 地震工况拱顶排架结构承载力复核结果一览表

部位	弯矩值/(kN·m)	剪力值/kN	轴力值/kN	设计配筋面积/mm²	复核配筋面积/mm²	裂缝宽度/mm	结论
拱顶1# 排架柱垂向	91.3	50.7	-649.0	4 Φ 22 (1 520)	432	—	满足承载能力及配筋率要求
拱顶1# 排架柱顺向	285.9	34.2	-519.6	4 Φ 22 (1 520)	1 106	—	满足承载能力及配筋率要求
拱顶1# 排架盖梁	127.3	73.9	—	4 Φ 20 (1 256)	1 252	—	满足承载能力及配筋率要求
拱顶2# 排架柱	181.2	35.7	-457.9	4 Φ 20 (1 256)	1 230	—	满足承载能力及配筋率要求
拱顶2# 排架盖梁	127.2	74.0	—	4 Φ 20 (1 256)	1 252	—	满足承载能力及配筋率要求

由表 2-2-10 可知，地震工况下拱顶排架各结构均满足承载能力及最小配筋率的要求。

2. 拱肋承载能力复核

拱肋内力见表 2-2-8。

1) 压弯作用下配筋计算

(1) 工况 1：

$$\sigma_{pc1} = \frac{N}{A} + \frac{M}{W} = \frac{5.74\ \mathrm{N/mm^2}}{2.23\ \mathrm{N/mm^2}} < 23.1\ \mathrm{N/mm^2}$$

$$\sigma_{pc2} = \frac{N}{A} + \frac{M}{W} = \frac{5.62\ \mathrm{N/mm^2}}{3.19\ \mathrm{N/mm^2}} < 23.1\ \mathrm{N/mm^2}$$

(2)工况 2:

$$\sigma_{pc1}=\frac{N}{A}+\frac{M}{W}=\begin{matrix}6.36\ \text{N/mm}^2\\4.76\ \text{N/mm}^2\end{matrix}<23.1\ \text{N/mm}^2$$

$$\sigma_{pc2}=\frac{N}{A}+\frac{M}{W}=\begin{matrix}8.13\ \text{N/mm}^2\\4.40\ \text{N/mm}^2\end{matrix}<23.1\ \text{N/mm}^2$$

(3)工况 3:

$$\sigma_{pc1}=\frac{N}{A}+\frac{M}{W}=\begin{matrix}6.21\ \text{N/mm}^2\\3.93\ \text{N/mm}^2\end{matrix}<23.1\ \text{N/mm}^2$$

$$\sigma_{pc2}=\frac{N}{A}+\frac{M}{W}=\begin{matrix}7.42\ \text{N/mm}^2\\4.00\ \text{N/mm}^2\end{matrix}<23.1\ \text{N/mm}^2$$

(4)工况 4:

$$\sigma_{pc1}=\frac{N}{A}+\frac{M}{W}=\begin{matrix}6.57\ \text{N/mm}^2\\5.25\ \text{N/mm}^2\end{matrix}<23.1\ \text{N/mm}^2$$

$$\sigma_{pc2}=\frac{N}{A}+\frac{M}{W}=\begin{matrix}8.60\ \text{N/mm}^2\\4.73\ \text{N/mm}^2\end{matrix}<23.1\ \text{N/mm}^2$$

(5)工况 5:

$$\sigma_{pc1}=\frac{N}{A}+\frac{M}{W}=\begin{matrix}6.57\ \text{N/mm}^2\\5.74\ \text{N/mm}^2\end{matrix}<23.1\ \text{N/mm}^2$$

$$\sigma_{pc2}=\frac{N}{A}+\frac{M}{W}=\begin{matrix}8.99\ \text{N/mm}^2\\4.91\ \text{N/mm}^2\end{matrix}<23.1\ \text{N/mm}^2$$

(6)工况 6:

$$\sigma_{pc1}=\frac{N}{A}+\frac{M}{W}=\begin{matrix}\text{N/mm}^2 7.45\\2.18\ \text{N/mm}^2\end{matrix}<23.1\ \text{N/mm}^2$$

$$\sigma_{pc2}=\frac{N}{A}+\frac{M}{W}=\begin{matrix}9.36\ \text{N/mm}^2\\1.47\ \text{N/mm}^2\end{matrix}<23.1\ \text{N/mm}^2$$

经计算,各工况下,拱肋拱顶及拱底均未出现拉应力,压应力满足C50 混凝土抗压强度要求,仅需构造配筋。现状拱肋顶底配筋均为10 ⌀ 25,满足构造配筋要求。

2)剪扭作用下配筋计算

$0.35 f_t b h_0 = 0.35 \times 1.89 \times 800 \times 1\ 340 = 709\ 128(\mathrm{N}) > 238\ 500\ \mathrm{N}$

因为平面内外剪力较小,仅考虑受扭计算。

拱肋最大扭矩为 245.8 kN·m,受扭计算中对称布置的全部纵向普通钢筋为 14 ϕ 25,面积为 6 872.6 mm^2。

$$\xi = \frac{f_y A_{stl} s}{f_{yv} A_{st1} U_{cor}} = \frac{300 \times 6\ 872.6 \times 100}{300 \times 113.1 \times (740 + 1\ 340) \times 2} = 1.46$$

$$0.35 f_t W_t + 1.2 \sqrt{\xi} f_{yv} \frac{A_{st1} A_{cor}}{s}$$

$$= 0.35 \times 1.89 \times \frac{800^2}{6} \times (3 \times 1\ 400 - 800) +$$

$$1.2 \times \sqrt{1.46} \times 300 \times \frac{113.1 \times 740 \times 1\ 340}{100}$$

$$= 240 \times 10^6 + 488 \times 10^6$$

$$= 728 \times 10^6 (\mathrm{N \cdot mm^2}) > 246 \times 10^6\ \mathrm{N \cdot mm^2}$$

满足要求。

3. 拉杆复核

各工况下拉杆内力见表 2-2-11。

表 2-2-11 各工况下拉杆内力

工况	工况 1	工况 2	工况 3	工况 4	工况 5	工况 6
前拉杆轴力/kN	−2 026	−808	−1 185	−207	−3.6	−1 110
后拉杆轴力/kN	−1 344	−133	−502	−207	−3.6	47.6
最大弯矩/(kN·m)	85	88.5	87.4	89.9	90.5	84.3

1)拉杆按抗裂等级二级进行验算

依据拉杆内力计算结果可知,控制工况为工况5及工况6。

工况5拉杆混凝土应力:

$$\sigma_c = \frac{47.6 \times 10^3}{3.86 \times 10^5} \pm \frac{84.3 \times 10^6}{\frac{1}{6} \times 600 \times 600^2} = 0.12 \pm 2.34$$

$$= \begin{matrix} 2.22(\mathrm{N/mm^2})(压) < 0.6f_{ck} = 0.6 \times 32.4 = 19.44(\mathrm{N/mm^2}) \\ 2.46(\mathrm{N/mm^2})(拉) < 0.95f_{tk} = 2.51(\mathrm{N/mm^2}) \end{matrix}$$

工况6拉杆混凝土应力:

$$\sigma_c = \frac{-3.6 \times 10^3}{3.86 \times 10^5} \pm \frac{90.5 \times 10^6}{\frac{1}{6} \times 600 \times 600^2} = 0.01 \pm 2.51$$

$$= \begin{matrix} 2.52(\mathrm{N/mm^2})(压) < 0.6f_{ck} = 0.6 \times 32.4 = 19.44(\mathrm{N/mm^2}) \\ 2.50(\mathrm{N/mm^2})(拉) < 0.95f_{tk} = 2.51(\mathrm{N/mm^2}) \end{matrix}$$

满足要求。

2)预应力拉杆张拉稳定验算

根据《混凝土结构设计规范》(GB 50010—2010)中轴心受压构件公式(6.2.1.5)计算。

考虑拉杆间支承的作用,拉杆计算长度:$l_0 = 0.5l = 0.5 \times 47\,000 = 23\,500(\mathrm{mm})$,$l_0/b = 23\,500/600 = 40$,查《混凝土结构设计规范》(GB 50010—2010)表6.2.15得:$\varphi = 0.32$,则

$$N_u = 0.9 \times 0.32 \times (335\,000 \times 23.1 + 24 \times 616 \times 360)$$
$$= 3\,761\,493(\mathrm{N}) > 2\,750\,000(\mathrm{N})$$

满足要求。

3)挠度验算

各工况拉杆挠度计算结果见图2-2-29~图2-2-33,各工况下拉杆内力见表2-2-12。

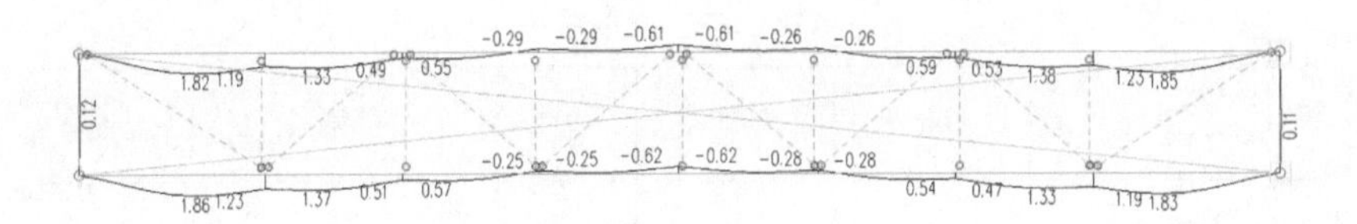

图 2-2-29 无水工况拉杆挠度 （单位：mm）

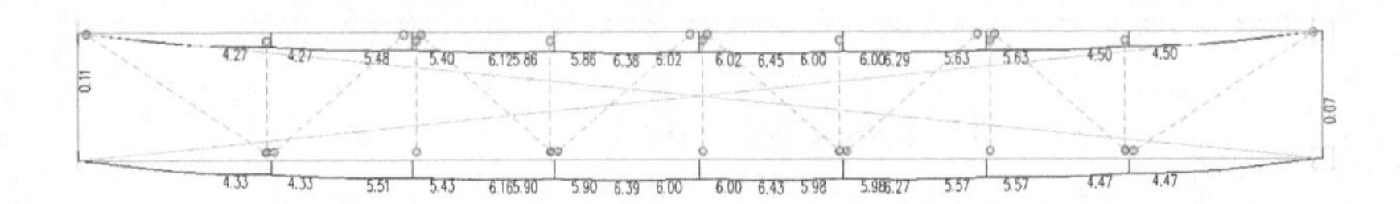

图 2-2-30 设计工况拉杆挠度 （单位：mm）

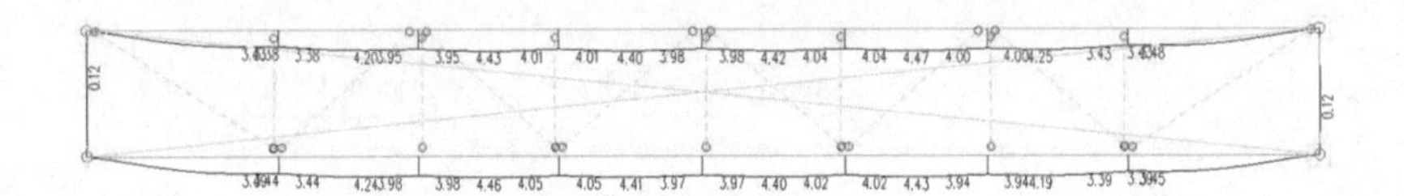

图 2-2-31 半槽工况拉杆挠度 （单位：mm）

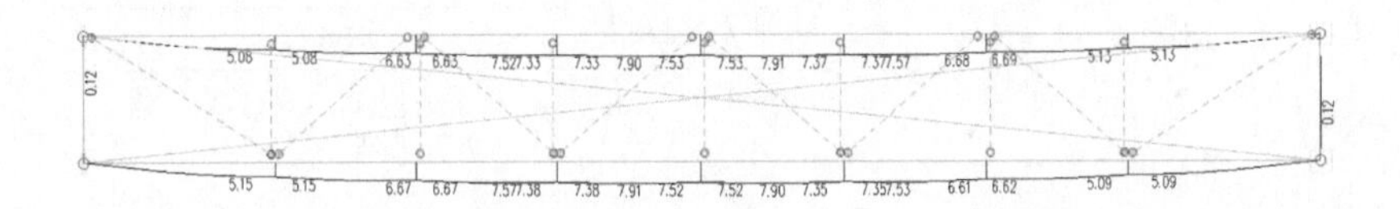

图 2-2-32 加大工况拉杆挠度 （单位：mm）

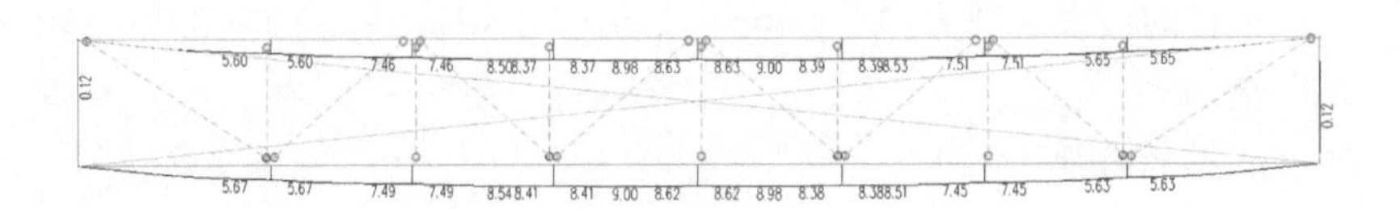

图 2-2-33 满槽工况拉杆挠度 （单位：mm）

表 2-2-12　各工况下拉杆挠度

工况	工况 1	工况 2	工况 3	工况 4	工况 5
最大挠度值/mm	1.86	6.39	4.46	7.91	9.00
挠度允许值/mm	94	94	94	94	94

由计算可知,拉杆挠度满足相关规范要求。

4. 吊杆计算

吊杆最大轴力:210 kN。

吊杆的截面惯性矩:$I=\dfrac{\pi(120^4-100^4)}{64}$

$$=\frac{\pi(120^2-100^2)\times(120^2+100^2)}{64}。$$

吊杆的截面面积:$A=\dfrac{\pi(120^2-100^2)}{4}=3\ 454(\mathrm{mm}^2)$。

吊杆的截面回转半径:$i=\sqrt{\dfrac{I}{A}}=\sqrt{\dfrac{\dfrac{\pi(120^2-100^2)\times(120^2+100^2)}{64}}{\dfrac{\pi(120^2-100^2)}{4}}}$

$$=39(\mathrm{mm})。$$

$\lambda=\dfrac{l_0}{i}=\dfrac{9\ 550}{39}=245<300$,满足构造要求。

吊杆的极限承载力:$N_u=3\ 454\times215=742\ 610(\mathrm{N})>210\ 000\ \mathrm{N}$,满足要求。

5. 拉杆间斜撑计算

斜撑最大轴力:109 kN。

斜撑的截面惯性矩：$I=\dfrac{\pi(150^4-130^4)}{64}$

$=\dfrac{\pi(150^2-130^2)\times(150^2+130^2)}{64}$。

斜撑的截面面积：$A=\dfrac{\pi(150^2-130^2)}{4}=4\ 396(mm^2)$。

斜撑的截面回转半径：$i=\sqrt{\dfrac{I}{A}}=\sqrt{\dfrac{\dfrac{\pi(150^2-130^2)\times(150^2+130^2)}{64}}{\dfrac{\pi(150^2-130^2)}{4}}}$

$=50(mm)$。

$\lambda=\dfrac{l_0}{i}=\dfrac{8\ 100}{50}=162$；查表得：$\varphi=0.22$。

斜撑抗压极限承载力：$N_u=4\ 396\times0.22\times215=207\ 931(N)>109\ 000(N)$，满足要求。

2.1.7 双排架结构复核

2.1.7.1 基本参数

界河双排架共有0#、1#、2#及3# 4种结构形式，高度分别为14.15 m、12.65 m、9.65 m及6.65 m，双排架下设墩台，厚1.5 m，基础采用钻孔灌注桩进行处理。具体结构尺寸见图2-2-34～图2-2-36。

0#、1#双排架混凝土强度等级为C40，钢筋保护层厚度为50 mm，受力钢筋为二级钢筋，箍筋为一级钢筋，混凝土轴心抗压强度$f_c=19.1$ N/mm²，混凝土轴心抗拉强度$f_t=1.71$ N/mm²，钢筋设计强度：$f_y=300$ N/mm²。计算模型同上承式拉杆拱结构复核，整体分析。

双排架结构4种形式配筋相同，本次复核选取高14.15 m 0#排架作为典型进行复核。

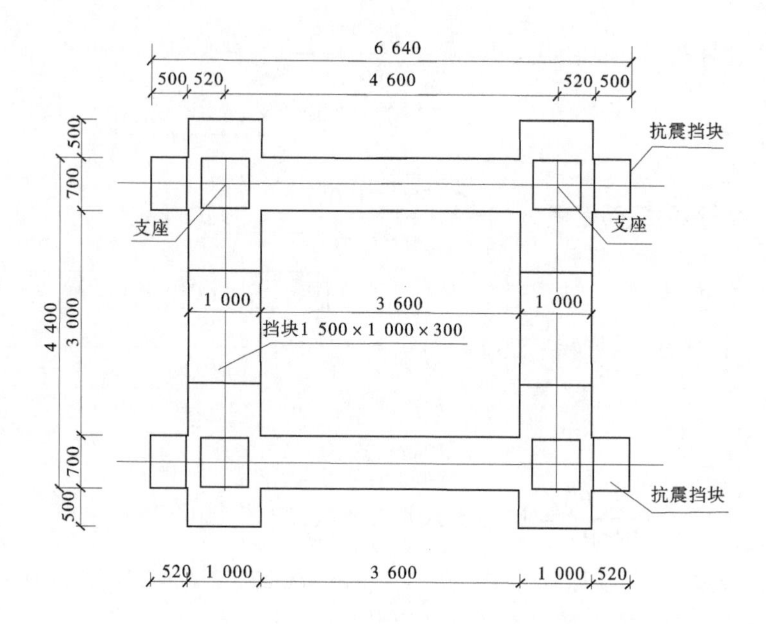

图 2-2-34　界河双排架顶平面图　（单位：mm）

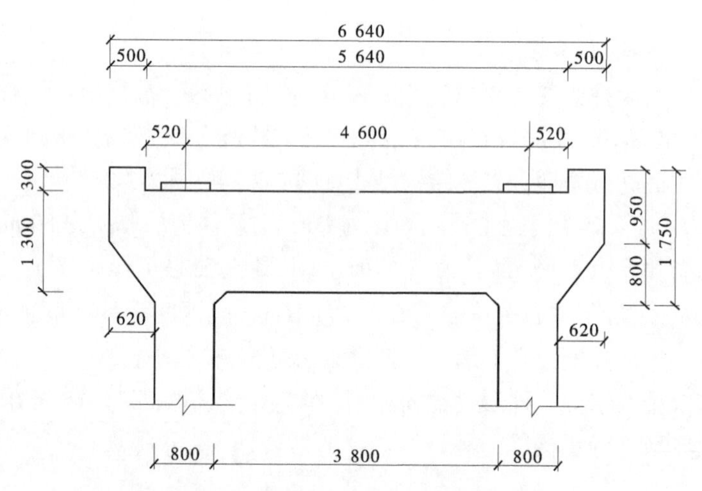

图 2-2-35　界河双排架垂直水流方向结构图　（单位：mm）

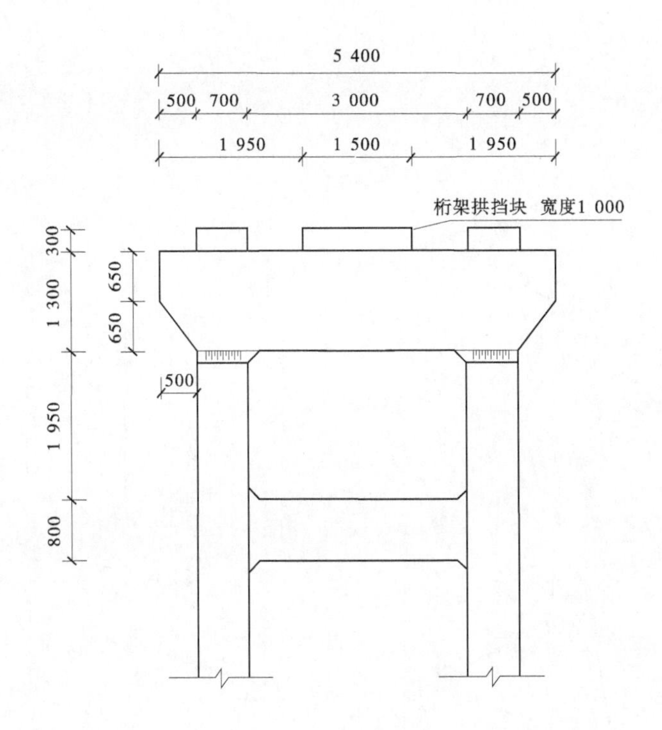

图 2-2-36 界河双排架顺水流方向结构图 （单位:mm）

2.1.7.2 计算工况

(1)空槽+风荷载工况:渡槽内无水;

(2)设计水深+地震工况:渡槽内为设计水深,水深为 2.21 m,遇Ⅶ度地震,峰值加速度 0.15g。

2.1.7.3 计算结果

1. 空槽+风荷载工况

空槽+风荷载工况计算结果见图 2-2-37～图 2-2-44,排架结构承载力复核结果一览表见表 2-2-13。

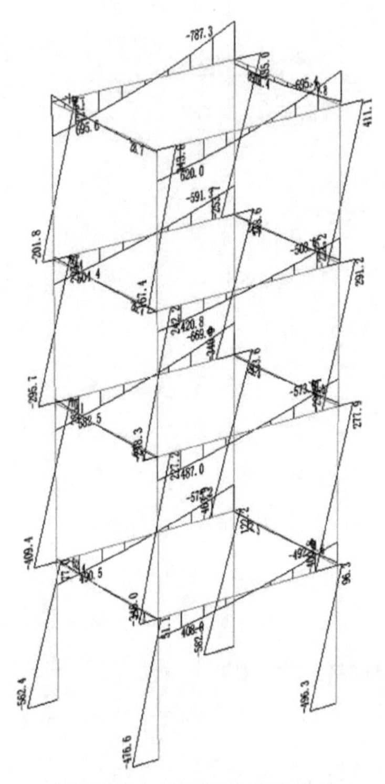

图 2-2-37　双排架垂直水流方向梁弯矩图
(单位:kN·m)

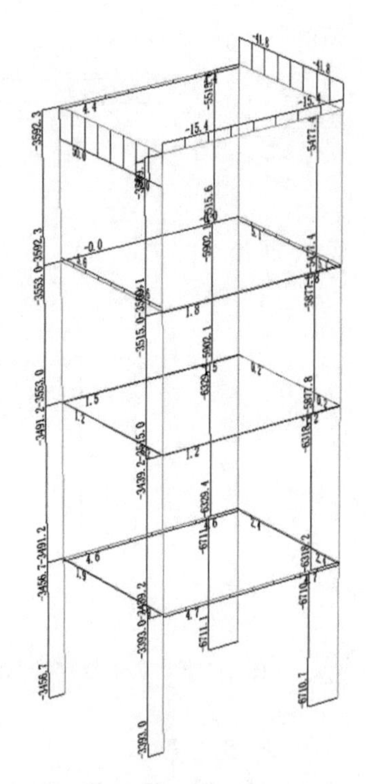

图 2-2-38　双排架垂直水流方向轴力图
(单位:kN)

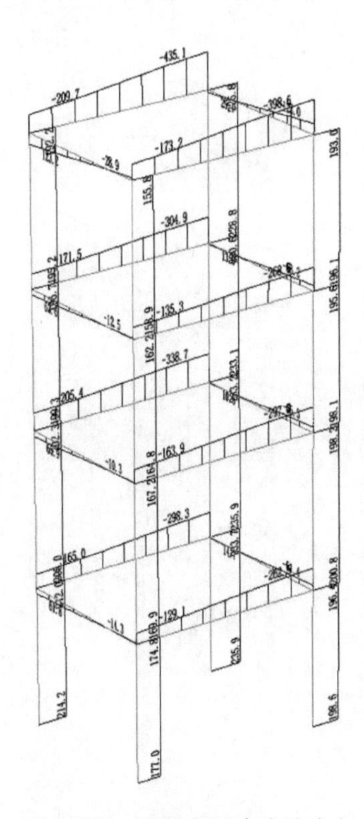

图 2-2-39 双排架垂直水流方向
地震剪力图
(单位:kN)

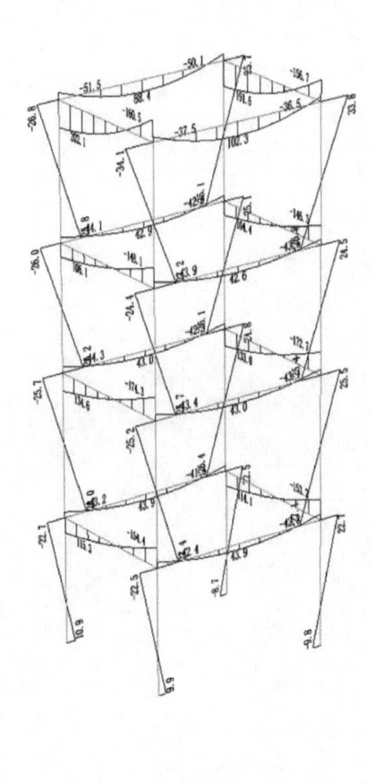

图 2-2-40 双排架顺水流方向
梁弯矩图
(单位:kN·m)

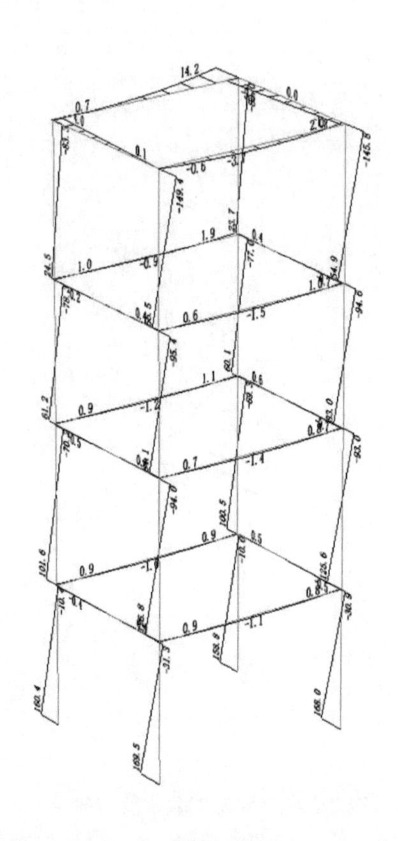

图 2-2-41　双排架顺水流方向柱弯矩图

（单位：kN·m）

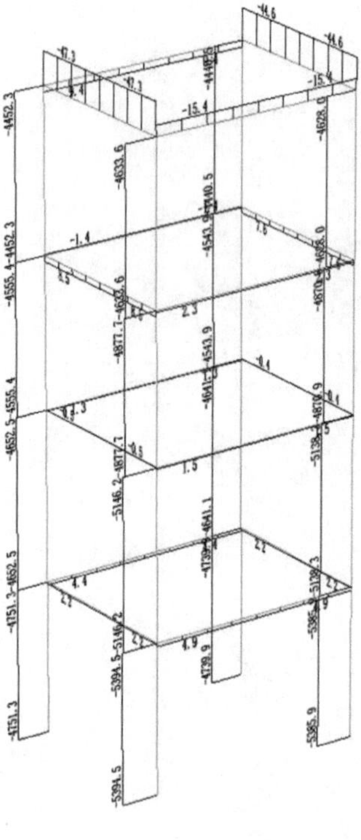

图 2-2-42　双排架顺水流方向轴力图

（单位：kN）

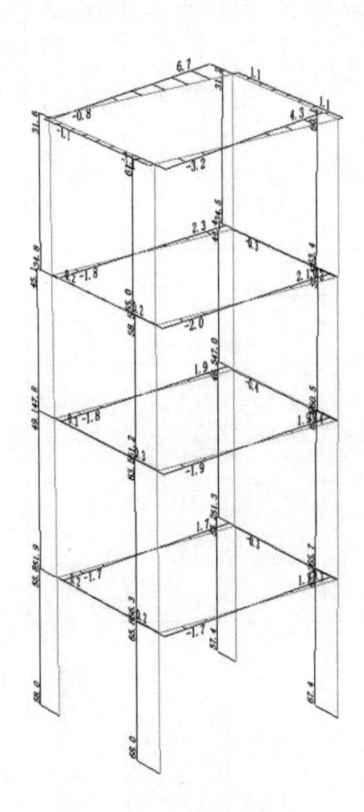

图 2-2-43 双排架顺水流方向柱剪力图（单位：kN）

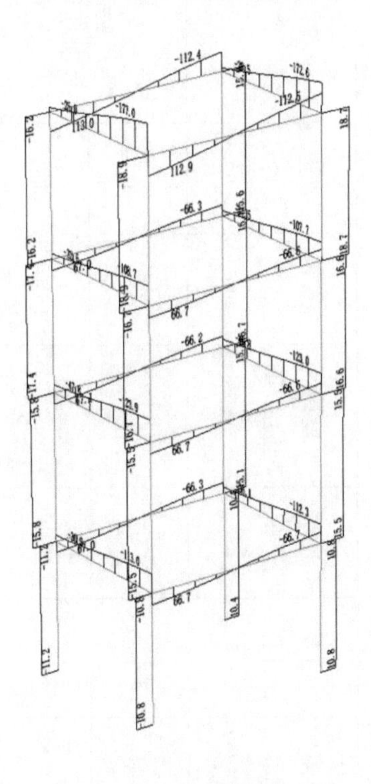

图 2-2-44 双排架顺水流方向梁剪力图（单位：kN）

表 2-2-13　排架结构承载力复核结果一览表

部位		断面尺寸/(mm×mm)	弯矩设计值/(kN·m)	轴力设计值/kN	剪力设计值/kN	设计配筋面积/mm^2	复核配筋面积/mm^2	裂缝宽度/mm	结论
排架柱	垂直水流方向	700×800	562.4	-3 456.7	314.2	6 158(10 Φ 28)	1 050	抗裂	满足承载能力及配筋率要求
	顺水流方向	800×700	160.4	-4 751.3	58.0	5 542(9 Φ 28)	1 040	抗裂	
盖梁	垂直水流方向	700×1 300	787.3	—	435.0	2 945(6 Φ 25)	2 163	0.24	满足承载能力及配筋率要求
	顺水流方向	1 000×1 300	202.1	—	177.0	2 945(6 Φ 25)	2 475	抗裂	满足承载能力及配筋率要求
横梁	垂直水流方向	600×800	669.0	—	338.7	3 927(8 Φ 25)	3 826	0.23	满足承载能力及配筋率要求
	顺水流方向	400×800	174.3	—	123.9	1 964(4 Φ 25)	805	抗裂	满足承载能力及配筋率要求

根据计算,双排架承载能力满足相关规范要求。

2. 设计水深+地震工况

设计水深+地震工况计算结果见图 2-2-45～图 2-2-52,排架地震工况结构承载力复核结果见表 2-2-14。

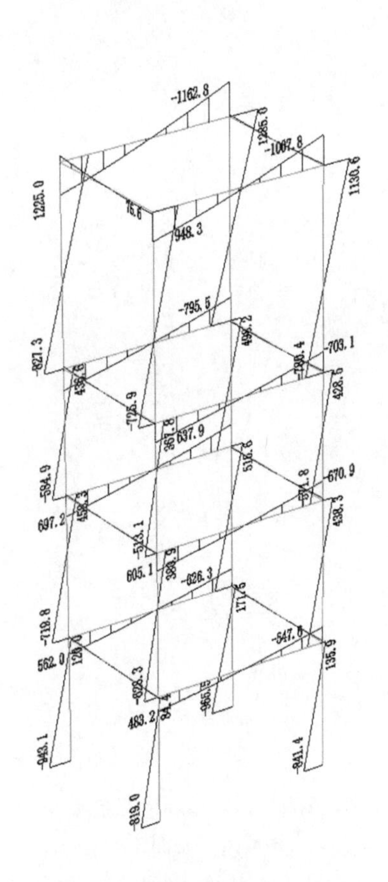

图 2-2-45　双排架垂直水流方向地震弯矩图（单位:kN·m）

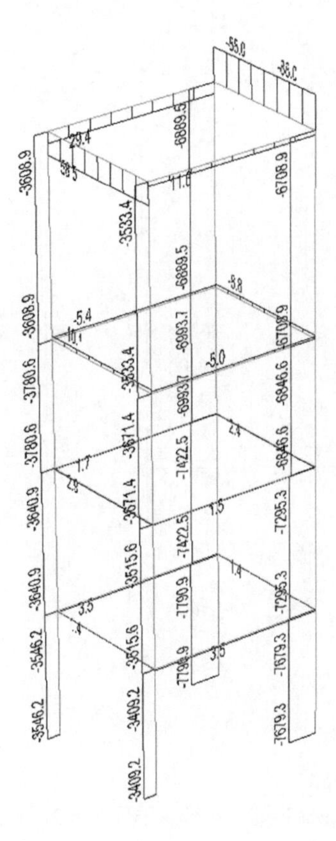

图 2-2-46　双排架垂直水流方向地震轴力图（单位:kN）

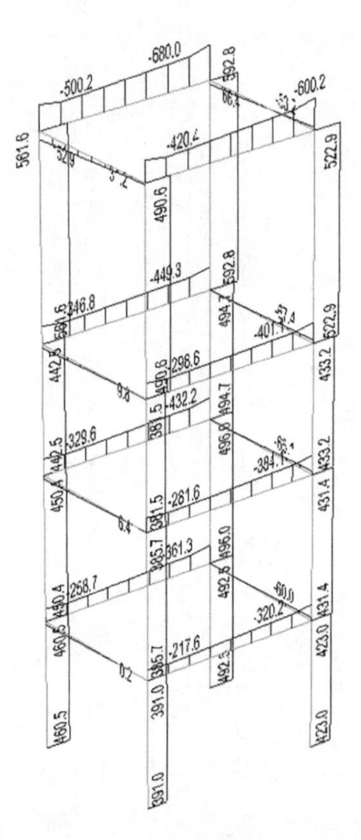

图 2-2-47　双排架垂直水流方向地震剪力图

（单位：kN·m）

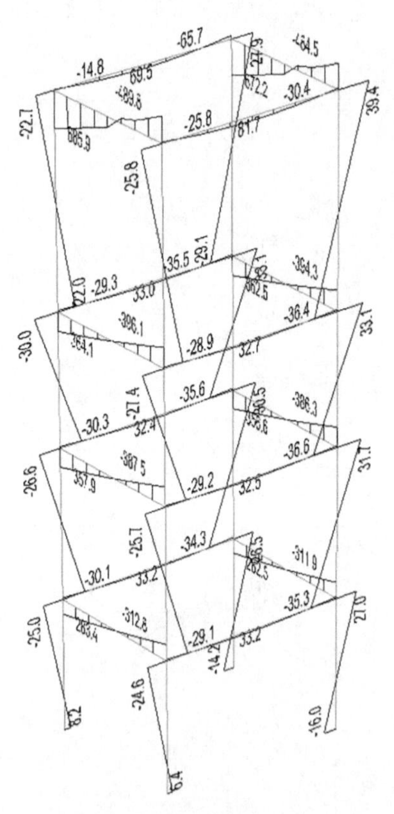

图 2-2-48　双排架顺水流方向地震梁弯矩图

（单位：kN·m）

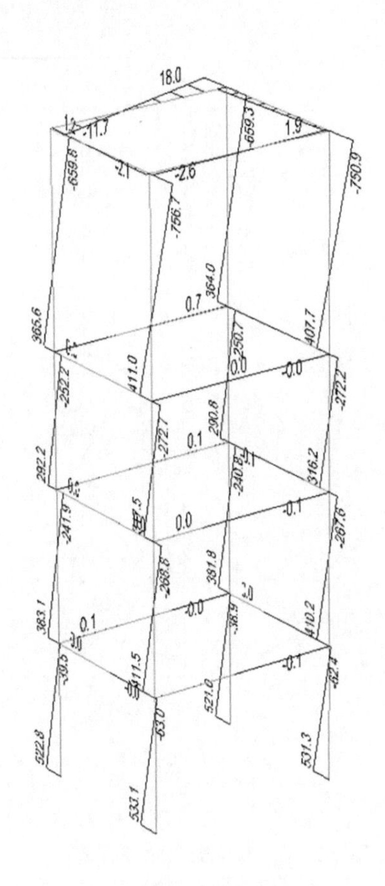

图 2-2-49　双排架顺水流方向
地震柱弯矩图
(单位:kN·m)

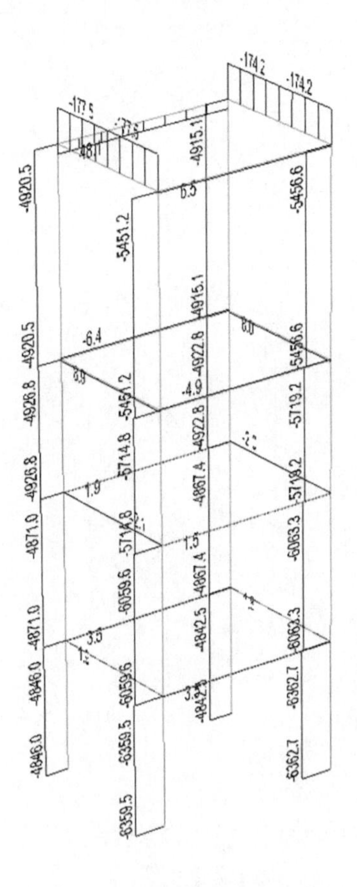

图 2-2-50　双排架顺水流方向
地震轴力图
(单位:kN)

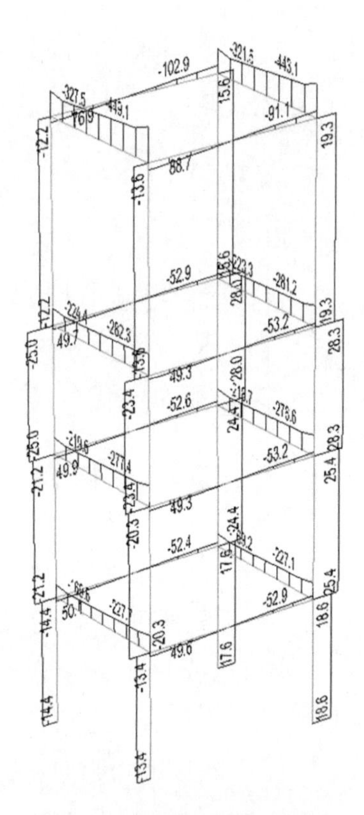

图 2-2-51　双排架顺水流方向地震梁剪力图
（单位：kN）

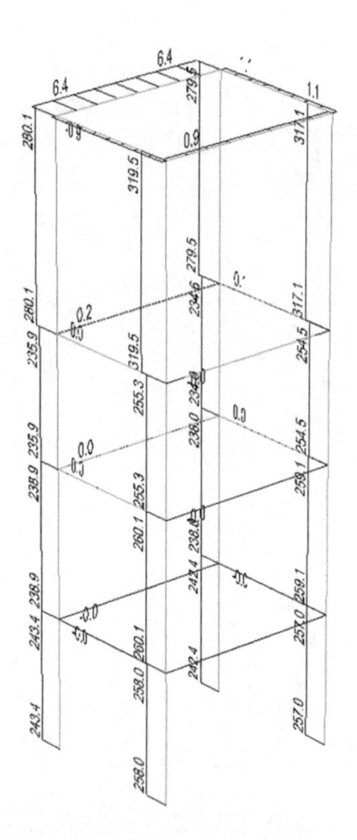

图 2-2-52　双排架顺水流方向地震柱剪力图
（单位：kN）

表 2-2-14 排架地震工况结构承载力复核结果一览表

部位		断面尺寸/(mm×mm)	弯矩设计值/(kN·m)	轴力设计值/kN	剪力设计值/kN	设计配筋面积/mm^2	复核配筋面积/mm^2	裂缝宽度/mm	结论
排架柱	垂直水流方向	700×800	1 216.0	-3 789	558.0	6 158(10 Φ 28)	2 468	—	满足承载能力及配筋率要求
	顺水流方向	800×700	784.7	-5 623.2	330.6	5 542(9 Φ 28)	1 805	—	
盖梁	垂直水流方向	700×1 300	1 050.0	—	677.9	2 945(6 Φ 25)	2 905	—	满足承载能力及配筋率要求
	顺水流方向	1 000×1 300	624.0	—	467.3	2 945(6 Φ 25)	2 475	—	满足承载能力及配筋率要求
横梁	垂直水流方向	600×800	789.4	—	446.7	3 927(8 Φ 25)	3 826	—	满足承载能力及配筋率要求
	顺水流方向	400×800	410.0	—	295.9	1 964(4 Φ 25)	1 955	—	满足承载能力及配筋率要求

根据计算,双排架承载能力满足相关规范要求。

2.1.8 结论

由计算可知,界河渡槽槽身稳定、上承式拉杆拱稳定及整体稳定均满足相关规范要求,渡槽槽身、上承式拉杆拱拱肋、拱顶排架、拉杆、双排架及单排架支承结构安全均满足标准要求,根据《渡槽安全评价导则》(T/CHES 22—2018),渡槽结构安全性为 A 级。

2.2 结构耐久性复核

2.2.1 混凝土强度复核

根据《灌溉与排水工程设计标准》(GB 50288—2018),渡槽所用混凝土最低强度等级见表 2-2-15。

表 2-2-15 混凝土最低强度等级

构件名称	渡槽级别		
	1	2,3	4,5
槽身、拱式渡槽主拱圈、墩帽	C30	C25	C25
排架	C25	C25	C25
墩身	C25	C20	C20

该渡槽主拱圈、拉杆混凝土强度等级 C50,拱顶排架混凝土强度等级 C40,拱顶渡槽混凝土强度等级 C40,简支梁式预应力混凝土矩形渡槽混凝土强度等级 C50,简支梁式普通钢筋混凝土矩形渡槽混凝土强度等级 C30,双排架、单排架混凝土强度等级 C30,进口节制闸混凝土强度等级 C25。结合安全检测报告成果,现状渡槽各结构实测强度均满足设计强度要求,均满足《灌溉与排水工程设计标准》(GB 50288—2018)1 级渡槽最低混凝土强度等级要求。

2.2.2 混凝土保护层厚度

根据《水工混凝土结构设计规范》(SL 191—2008)表9.2.1混凝土保护层最小厚度可知,二类环境类别下板、墙的混凝土保护层最小厚度为25 mm,梁、柱、墩的混凝土保护层最小厚度为35 mm。

原设计保护层厚度:拱肋、拉杆、拱顶排架箍筋中心至混凝土外边缘为30 mm,拱肋、拉杆箍筋直径为10 mm,拱顶排架箍筋直径为8 mm,纵向受力钢筋外边缘算起混凝土保护层厚度基本可满足最小保护层厚度35 mm的要求;拱顶渡槽、10 m跨普通混凝土箱形渡槽、20 m跨预应力混凝土箱形渡槽槽身混凝土保护层厚度为35 mm,满足板、墙的混凝土最小保护层厚度25 mm,梁、柱、墩的混凝土保护层最小厚度35 mm的要求;单排架、双排架混凝土保护层厚度50 mm,满足梁、柱、墩的混凝土保护层最小厚度35 mm的要求;进口节制闸闸室底板、边墩混凝土保护层厚度50 mm,排架、机架桥板保护层厚度25 mm,梁、柱混凝土保护层厚度35 mm,满足板、墙的混凝土保护层最小厚度25 mm,梁、柱、墩的保护层最小厚度35 mm的要求。

现场检测结果:依据现场检测成果可知,拱肋、拉杆、拱顶排架、单排架、双排架、闸室、排架及机架桥等结构混凝土保护层厚度均可满足设计保护层厚度局部偏差小于保护层厚度1/4的要求。

2.2.3 混凝土抗渗等级

根据《水工混凝土结构设计规范》(SL 191—2008)表3.3.6混凝土抗渗等级的最小允许值可知,设计水头小于30 m的混凝土构件,抗渗等级不低于W4。

原设计渡槽槽身混凝土抗渗等级W6,进口节制闸混凝土抗渗等级W4,均满足规范要求。

2.2.4 混凝土抗冻等级

招远市位于寒冷地区,年冻融循环次数小于100次,根据《水工混凝土结构设计规范》(SL 191—2008)表 3.3.7,渡槽属于"结构重要、受冻严重且难于检修的部位",混凝土最低抗冻等级 F200;进口节制闸属于"受冻较重部位",混凝土最低抗冻等级 F150。

原设计渡槽槽身混凝土抗冻等级 F200,进口节制闸混凝土抗冻等级 F150,均满足规范要求。

2.2.5 止水复核

渡槽节与节之间均留 3 cm 宽的伸缩缝,缝内设闭孔塑料泡沫板及 FLDZ-1 型连体式止水装置。

现场检测结果:经现场检查、查勘,发现 29~30 跨左分缝、64~65 跨左分缝、66~67 跨左分缝有轻微漏水情况,其余分缝未见明显渗漏问题,但现场渡槽分缝处排架普遍存在冻融剥蚀及明显渗漏痕迹,止水存在侧墙止水高度不够、老化及局部破损问题,分析认为槽身节间 FLDZ-1 型连体式止水多处存在老化、损坏问题,不满足工程正常运行要求。

2.2.6 支座复核

根据《公路桥涵设计通用规范》(JTG D60—2015)表 1.0.4,支座的正常使用年限为 15 年。

原设计每跨选用两个固定盆式橡胶支座[GPZ(Ⅱ)3GD]和两个单向活动盆式橡胶支座[GPZ(Ⅱ)3GX],共 4 个支座,支座按一端固定、一端单向活动设置,多跨之间依次布置。支座平面尺寸为 250 mm×400 mm,厚度为 50 mm。

根据检测结果,界河渡槽盆式支座为 2007 年产品,已投入运行 14 年,接近规范要求使用年限。现状盆式支座运行正常,未发生过偏压倾斜、承压板脱空、锚固螺栓顶死弯曲现象,支座密封圈未见压缩变形、老化开裂缺陷,但部分支座承压板、钢盆及钢盆底板固定螺栓轻微锈蚀(病害等级 1)。现状支座基本满足规范及工程正常运行要求。

2.2.7 结论

(1)界河渡槽槽身稳定、上承式拉杆拱稳定及整体稳定均满足相关规范要求,渡槽槽身、上承式拉杆拱拱肋、拱顶排架、拉杆、双排架及单排架支承结构安全均满足标准要求,渡槽结构安全性为 A 级。

(2)渡槽混凝土强度、保护层厚度、抗渗及抗冻等级均满足相关规范要求;槽身节间 FLDZ-1 型连体式止水多处存在老化、损坏问题,不满足工程正常运行要求;部分支座承压板、钢盆及钢盆底板固定螺栓轻微锈蚀,现状支座基本满足相关规范及工程正常运行要求。

参考文献

[1] 竺慧珠,陈德亮,管枫年. 渡槽[M]. 北京:中国水利水电出版社,2004.

[2] 李海枫,黄涛,康立云. 大型渡槽结构安全关键技术研究[M]. 北京:中国水利水电出版社,2021.

[3] 中国水利学会. 渡槽安全评价导则:T/CHES 22—2018[S]. 北京:中国水利水电出版社,2018.

[4] 王铁梦. 工程结构裂缝控制[M]. 北京:中国建筑工业出版社,1997.

[5] 金成棣. 预应力混凝土梁拱组合桥梁设计研究与实践[M]. 北京:人民交通出版社,2001.